CREATING GREAT GRAPHIC

在多年的一线艺术设计教学过程中，翻阅了很多国内外的相关书籍，当第一次读到这本书时，着实是被吸引了，并一直怀揣着这种兴趣完成了整本书的编译。

本书在内容的选编上可以形容为"朴实无华"，因为介绍的所有项目都是建立在拮据的成本预算下成功完成的案例，生动真实。而在内容的界定上我们选用了"锦囊妙计"这个词也着实不为过，因为每个案例都充满了智慧的创造力与执行力。可以说，本书从最初的概念提出到最终的出版发行，整个过程是对"人性化设计"、"绿色设计"等我们一直呼吁与提倡的设计理念的很好诠释。书中随附的各类信息资料，对艺术设计的从业人员和相关人士都是一笔可观的知识财富，更是一本艺术设计专业学生的优秀辅助参考。

在编译的过程中，虽然竭尽所能地保证专业术语和专属名词转译的准确性，但难免存在部分错误。希望可以借此与更多的业界朋友交流，并获指正。

编译者

DESIGN TO A BUDGET

CREATING GREAT GRAPHIC DESIGN TO A BUDGET

预算下的平面大创意

斯科特·维瑟姆 著　彭波　赵蔚 译

小财大才

江西美术出版社

本书由江西美术出版社出版。未经出版者书面许可，不得以任何方式抄袭、复制或节录本书的任何部分。
版权所有，侵权必究
本书法律顾问：江西中戈律师事务所

图书在版编目(CIP)数据

小财大才/（英）威瑟姆著；彭波译.-南昌：江西美术出版社，2011.7
ISBN 978-7-5480-0672-5

Ⅰ.①小… Ⅱ.①威… ②彭… Ⅲ.①印刷品-设计-作品集-世界
Ⅳ.①TS801.4

中国版本图书馆CIP数据核字（2011）第135633号

责任编辑：陈　波
封面设计：彭　波

小财大才
XIAO CAI DA CAI

作　　者：斯科特·威瑟姆
翻　　译：彭　波　赵　蔚
出版发行：江西美术出版社
地　　址：南昌市子安路66号
网　　址：www.jxfinearts.com
E-mail：jxms@jxpp.com
经　　销：新华书店
印　　刷：深圳利丰雅高印刷有限公司
开　　本：889mm×1194mm　1/16
印　　张：12
版　　次：2011年7月第1版
印　　次：2011年7月第1次印刷
印　　数：3000
ISBN 978-7-5480-0672-5
定　　价：118.00元

赣版权登字—06—2011—126
合同登记号—14—2011—092

CREATING GREAT GRAPHIC DESIGN TO A BUDGET
预算下的平面大创意 "小财大才"

PLANNING/SOURCING/DESIGNING/FINISHING
策划、素材、设计、完稿

Scott Witham 斯科特·维瑟姆

RotoVision

目录
CONTENTS

介绍 INTRODUCTION
限定设计 WORKING TO A BUDGET / 008
制作要点 PRODUCTION KEY / 010
关于这本书 THIS BOOK / 012
基础 THE BASICS / 014

第一章 策划 PLANNING
为今后的工作投资
INVEST IN FUTURE WORK / 020
洞悉你的客户
UNDERTSAND THE JOB AHEAD / 022
确定预算
GET YOUR QUOTES CONFIRMED / 024

第二章 设计过程 DESIGN PROCESS
遵守预算
STAY ON BUDGET / 028
单色印刷
ONE SPOT COLOR / 030
两个专色
TWO SPOT COLORS / 040
全色印刷
FULL-COLOR PRINTING / 052
CMYK数字化
CMYK DIGITAL / 056
丝网印刷
SCREENPRINTING / 062
彩色纸
COLORED PAPER / 066
艺术替代品
ALTERNATIVES TO ART / 072
归纳整理
ARCHIVE YOUR WORK / 078

第三章 资源 SOURCING
法律 THE LAW / 082
共享字体
FREE & BUDGET FONTS / 084
创造字体
CREATING FONTS / 086
手绘字体
HAND-DRAWN TYPE / 088
创建矢量图形
CREATING VECTOR ILLUSTRATIONS / 094
矢量插图的购买
BUYING VECTOR ILLUSTRATIONS / 098

传统插画
TRADITIONAL ILLUSTRATION / 100
数码插画
DIGITAL ILLUSTRATION / 104
DIY摄影
DIY PHOTOGRAPHY / 106
摄影工作室
STUDIO PHOTOGRAPHY / 112
免版税照片
ROYALTY-FREE PHOTOGRAPHY / 114
灵感：博客与论坛
INSPIRATION: BLOGS & FORUMS / 124

第四章 材料和完稿 MATERIALS & FINISHING
结构和折页
FORMS & FOLDS / 128
纸材质
PAPER STOCKS / 140
环保纸
RECYCLED PAPER / 144
完稿
FINISHES / 148
装订
BINDING / 156
自行制作
IN-HOUSE FINISHING / 160
寻找材料
FOUND MATERIALS / 166

第五章 前期制作和印刷 PRE-PRODUCTION & PRINTING
概述
OVERVIEW / 174
自行印刷
PRODUCING YOUR OWN PRINT / 176

第六章 资料 RESOURCES
资料来源概要
SUMMARY OF SOURCES / 184
专业术语
GLOSSARY / 186
合作名录
CONTRIBUTORS / 190
检索
INDEX / 191

MICHAEL SEISER
VIENNA

INTRODUCTION
介绍

BOCA
BRAZIL

WORKING TO A BUDGET
限定设计

平面设计师都害怕听到减少设计预算的字眼，但减少预算到底意味着什么呢？

这是否意味着会削弱创意概念的表达，或因时间进度过紧而消减了应传递的信息？答案当然不是。如果真是这样，为什么还要聘请设计师呢？

对于大多数的设计师而言，消减预算是对费用的让步，绝不是对设计质量的妥协。我们影像制作时能否调动内外资源？我们能否自己设计插画？难道我们真的需要2000份24页全彩色精良印制，包括局部上光和冲切边缘的小册子？其实设计师最需要的是对创意的调整。一个好的设计师应该明确自己对设计作品的充分能动性，不论是针对一个小传单还是一个全国性的活动或品牌运作。有时成本与成品的制作与表现并无必要关系。一旦设计师接手了某项工作，就应当全力以赴去做。

此外，设计师要能够"巧妙设计"，实现由既定成本到完美作品的最大化转换。其实，很多时候并非是成本作祟，实质是客户希望能够物超所值，从而获得更好的设计创意。明确这点，你会和客户间的关系变得紧密相关，双方都会获益匪浅。

受预算限定的设计绝不等同廉价设计，设计师可以通过"巧妙设计"消减预算。预算成本具有很大的弹性，关键取决于设计师的创意思考。

我们研究设计师如何利用可获取的经验资源获得最大化的产出。他们如何降低印刷成本？是通过更聪明的折叠方式，还是选用更质轻的纸张，或是用双色代替全色印刷？他们是自己动手完成折叠包装工序，还是选用再生材料或是廉价纸张，甚或是线上淘来二手材料呢？

◀ 这一本眼球的印刷作品利用包含金色的双色叠印。

在这本书中,我们将发现、探索和介绍世界各地许多设计师的经验诀窍。我们直接从创意团队取经,在有限报价下如何开展、如何完结、如何节省费用,同时又能获得难以置信的终端产品,协助拓展新业务并成功贩卖给消费者。我们也探讨如何实现对计算机、程序软件、字体、纸张甚至数码相机等应用的超大产出值。

优秀的设计师知道他们作品的价值绝非一定与制作成本相关。好的创意与投入的资金无关。巨大的印制预算可以增进一个好创意的实现,但却不能为一个烂创意遮瑕。即使基于很少的成本,伟大的创意都会熠熠闪光。

▷ 为比利时布鲁塞尔的弗拉芒皇家剧院所做的通讯报纸设计,两次套色印刷。

COAST
BELGIUM

PRODUCTION KEY
制作要点

这本书介绍了多种多样的设计与印刷的实际案例，它们的共同点都是在有限的预算成本下实现了超乎想象的理想结果。

每一个设计案例都显现了设计师的智慧，我们提炼出所采用的特殊元素与技巧与大家分享。设计难以有整齐划一的分界：一本小册子既能单色印刷，又能印在彩色纸或纸板上，还可采取多种折叠装订的途径。

重要的是考虑各种可能性以减少成本预算。如果可以通过采用单色印刷节省费用，是否还有其他途径可以尝试？比如只要求印刷厂输出标注了折叠线的平面册页，而邀请客户一同参与完成折叠装订的工作阶段。通常情况下，如果因此能够节省大量的费用，客户方会很乐意加入并自享其乐。

◊	One spot color		✎	Traditional illustration
◊◊	Two spot colors		✦	Digital illustration
◊◊◊	Three spot colors		◉	DIY photography
∷	CMYK litho		⬇	Stock photography
⋮⋮	CMYK digital		∫	Forms & folds
	Screenprinting			Paper stock
	Colored paper		♺	Recycled
	Alternatives to art		✳	Finishes
ABC	Budget font		⊘	Binding
A	Created font		✋	In-house finishes
✐	Hand-drawn font		🗑	Found material
✎	Vector illustration			

▸ Eagleclean（飞鹰保洁）是一家锁定广告设计机构为主要对象的保洁公司。以清洁工具作为标志，既简明传递了公司名称又具有强烈的视觉冲击力。

THE PARTNERS
UK

PRODUCTION KEY 011

SOLAR INITIATIVE
THE NETHERLANDS

^ Solar Initiative "阳光首创"被委托为一个致力于推广荷兰设计的组织Via Milano "维亚米兰诺"设计统一形象和沟通方式，需要保证印刷与设计的有效性、原创性和超低成本。

THIS BOOK
AND HOW WE CREATED IT ON A BUDGET
关于这本书
我们如何控制了成本

我们就是想提供一些在紧张预算下实现圆满设计方案的锦囊妙计。

整本书的诞生本身就尽其所能地减少成本开支。第一步是向世界范围内的设计机构征集投稿。为了节省开支，我们要求投稿的设计师以光盘形式提交符合印刷要求的高分辨率文件。本书的作者斯科特·威瑟姆与知名的设计刊物Creative Review "创意评论"协商，得以免费刊登一个整版的征稿广告，结果是收到了数以百计的投稿，"创意评论"完全得到了等值的回报。威瑟姆同时也通过设计博客和论坛发布征稿信息，并通过电子邮件直接与各机构联系，省去了邮资和话费等其他通讯形式的支出。

此外，威瑟姆充分发动造纸厂客户总监们的力量，通过他们联系了无以计数的设计师、广告商和印刷公司，成为本书征稿的巨大资源。原创设计杂志诸如Scotland's Drum苏格兰鼓也免费入盟，刊登短篇文章，保证了本地的设计作品也能被网罗收进。

为保持低成本，威瑟姆还从当地的Duncan of Jordanstone 艺术学校招募学生协助完成初期环节的工作，诸如封面设计、页面编排、低分辨率拍摄等。

收集免费字体，下载无版权图片，所有的环节在着手前都做了细密的考虑部署。

一旦设计步入了正轨，通过单纯的PDF件格式的邮件传输可以有效提高沟通效并控制成本。由双色套印控制分页和作整本书的视觉导向。

克里斯·史密斯正在校对版式和页码顺序。

设计师戈登·贝弗里奇和克雷·格加拉赫正在工作。

成书的各阶段和接收到的数以百计的稿件。右下角是刊登于设计刊物Creative Review"创意评论"的满版手绘广告。

THE BASICS
YOU CAN'T AFFORD TO LIVE WITHOUT
基础
与你息息相关

◆ 从Stock.XCHNG网站上下载的图片。这张由maxray06用户拍摄的照片是这个拥有35万张图片量的大型图库中的一张，共计超过万名摄影师投稿。

在有限预算下创造伟大的设计，你并非必须拥有最新的工具包（尽管确实会有帮助）。

平面设计于计算机诞生前早已存在，相比于今天，它在那时是一种耗时耗资难以获得的稀缺资源。桌面出版系统desktop publishing的出现彻底颠覆了设计界，极大削减了设计的费用，并允许设计师能够创建和完成他们自己的终端作品。一些通常是自身缺乏现代感与适应性的人抱怨这一变革消融了原创性，但历史的车轮总是以一种近乎残酷的速度在飞转，而优秀的设计理念应能够经受起时间的考验。

苹果的Macintosh已经成为行业的标准硬件，在它们的G5 towers、iMacs和MacBooks面前，几乎没有与之匹敌的替代品。不幸的是，苹果电脑的高价也让我们着实有些望而不及，不论是新款还是旧貌。买一台二手的旧货又觉得很冒险，总是有太多的担心。因此要尽可能确保从一个诚实、有信誉的经销商那里购置二手电脑，并获得售后服务的保证。

同样的问题又会出现在应用软件上。持续的升级要求与新版本的不断发布，都需要有资金投入。不要奢望升级的软件可以带给你升级的创意，但能够为你的设计效率提供一定的保障。由淘汰软件制作的文件可能无法被客户打开或被打印店识别与输出，而盗版软件则常常面临新注册代码的申请问题，往往难以安装运行。

THE BASICS 015

对宽带的选择要货比三家。记住，"宽带"只是用于描述各种快速网络链接的一个词。现今宽带已然是工作效率的一个保障，观察我们身边的宽带网络会发现大城市中的网速明显比郊区要快很多。

提到宽带，最重要的就是网速。互联网的传输速度是以每秒千字节（KB）和每秒兆字节（MB）来衡量。这里有个示意表：

即使是入门级的512KB的宽带互联网连接速度也比标准的56KB拨号连接快约10倍，让你在浏览网页时觉察不到明显的延迟，若与8MB的宽带连接，就可以通过计算机观看电视质量的视频。这里是一个总结：

› 全能型-对于大多数因特网用户，4MB连接具有最好的性价比。

› 基本拨号型-512KB和256KB并不能提供你希望获得的流畅的视听效果。

› 快速连接型-8MB连接能够满足设计工作室的需要，实现多台电脑的共享，支持下载影像文件和网络游戏的线上操作，可以让你充分享受互联网数字电视和影音点播的乐趣。

TIP

小贴士

免费软件良莠不齐，下载时要小心。如果吃不准，可以参加论坛发表问题，总能得到些回应答案。

www.designerstalk.com
www.graphicdesignforum.com
www.forums.adobe.com/index.jspa

TIP

小贴士

对于设计软件最省钱的方法是只购买你真正需要的，并保持升级。如果版本升级没有及时跟进会产生系列后续问题：如你的3级版本错失了免费升4级的机会，等到5级版本发布时，发现只能由4级升至5级，但之前的升级程序早已经被删除了。

Internet connection speed	Time to load a typical web page (based on 100KB of data)	Time to load a typical 5-minute song (based on a 5MB MP3 file)	Streaming video quality
56KB dial-up modem	14secs	12mins 30sec	
256KB broadband	3secs	3mins	Low quality
512KB broadband	1.6secs	1min 30secs	
1MB broadband	0.8sec	41secs	
2MB broadband	0.4sec	20secs	Medium quality
4MB broadband	0.1sec	5secs	
6MB broadband	instant	instant	
8+MB broadband	instant	instant	TV quality

> 从iStockphoto线上链接设计社区和原创图片。

设计师和客户之间的沟通是必不可少的。通常，最好的办法是绕过电话，使用电子邮件，这可以节省大量的电话费。使用电子邮件发送附加的PDF文件，向客户展示设计方案的视觉效果，可以同时节省纸张的传输费用。

对于一些无法通过E-mail发送的超大文件，可以尝试免费线上传输服务，登录www.yousendit.com或www.getdropbox.com。这些基于Web的数字内容交付服务可以满足用户发送、接收和跟踪文件的需求。他们提供两种选择，既可以通过使用FTP站点发送大容量的电子邮件附件，也可以通过邮寄或速递公司传送光碟、DVD或USB闪存，100MB以内免费。

所以，一旦在你的计算机上安装好所需软件，下载选取的免费字体并激活免费字体系统，连接好打印机和网线，并准备好鼠标，现在，你所需要的就只是付钱的客户！

TIP

小贴士

避免使用每月1MB或更低的下载限定量，每月15MB较为普遍，但如果你货比三家的话，你会发现更好的选择。如果你十分依赖文件下载或是网络游戏的大玩家，一定要选择尽可能大的下载容许量。

TIP

小贴士

另一个对于宽带网络选择非常重要的因素是是否有下载限定，通常会被称为"使用限定"，要明确可供下载的空间量。

TIP

小贴士

使用电子邮件作为与你的客户沟通的方式，相当于为所有的讨论问答建立了一个记录档案。一定要坚持使用邮件请客户确认，特别是对于打印要求，客户返回的确认函上都会自动标注有日期时间。千万不要只凭口头应允就擅自行动。

TIP

小贴士

你的电脑的新旧程度如何呢？如果使用未满5年，可能还没什么担心的，但也要检查它是否能达到供应商承诺的各项指标。如果已使用很久，可能宽带连接就会有很多问题。如果有任何疑问，就要请供应商加以解答。

CHAPTER 1:PLANNING
第一章 策划

INVEST IN FUTURE WORK
为今后的工作投资

能够找到合适的客户一起合作是每个设计师的梦想；但现实是，大多数的设计师往往无法挑选合作的对象。

商场如战场，你需要通过成本节省来维系你的客户群。为自身打广告会起到作用吗？发送邮件和发放数以千计的公司宣传册是否划算呢？其实对于大多数创意机构来说，赢得新客户的最佳方法不需多费分毫——口碑。获得客户的高度评价并被积极推荐给他人，这是一种无法轻易用金钱买到的自我宣传和营销的方式。

所有的客户都希望通过投入产出塑造他们期许的产品形象，如果这一点能实现，同时设计师确实做出了努力以减少整体开支，那么客户与设计师之间的信任值会有质的提升。一旦确立了这种信任度，对品牌发展中出现的种种问题，客户将给予设计师更大的自由度，以其认为经济效益的方式去解决。需要指出的是，在这一过程中设计师因节省了时间而等同于节省了金钱。

虽然只有经验能告诉你一个电话的可信度或是否值得去做一个提案，但下面的几个问题却也能给你一些指导建议。你是他们锁定的对象之一吗？还只是他们为了完成公司规定的招标数量而用来充数的炮灰？如果是这样，可能他们早已决定了中标的人选，只是在分摊成本而已。他们是不是只要求你提供符合报价的设计稿，却无意要面谈或是做深入的了解？

OH YEAH STUDIO
NORWAY

挪威的Oh Yeah工作室为摄影师托马斯·布伦创建的网站。他们非常高兴地与布伦达成了交换协议，所需的费用以布伦为工作室提供摄影服务二抵消。

INVEST IN FUTURE WORK 021

对一项工作要权衡利弊。到底是凭借什么才得到了这次机会？在自身浪费的时间越少，就有越多的时间给予真诚的客户并能消减费用。谨慎选择项目来避免无谓的浪费。大的项目很少是通过一封没有明确署名只是以"嘿，你好！"开头的电子邮件带来的。如果首先提到的是一个有限的预算，那么要搞清楚预付款是多少，及款项所包含的条目。是单纯的设计费用呢，还是统含了文案、摄影、插画，特别是印刷的费用？对潜在新客户合作诚意的最佳测试法就是要求面谈，亲自去他们的办公室一探究竟，或是他们亲自来登门造访就更能表达他们的重视度。许多设计师在真正会面前都不愿提供任何视觉或投标议案，坚持要面对面沟通洽商。

直到你找到心仪的客户达成协议，明确了预算和他们的预期回报，才能真正揭开合作的序章。

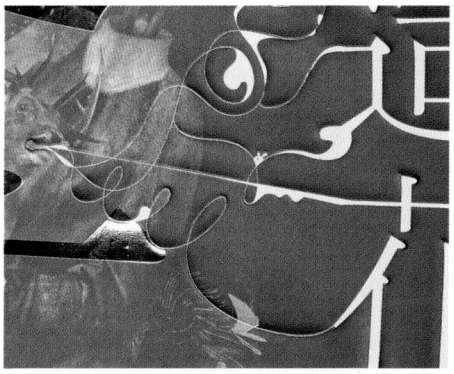

TIP

小贴士

从一开始就试着搞清楚接受的是定向委托还是与其他竞争对手一起竞标，若是后者，就意味着你与竞争对手一起被要求提交附带成本的视觉提案，但鹿死谁手还难知分晓。

FLÁVIO HOBO
PORTUGAL

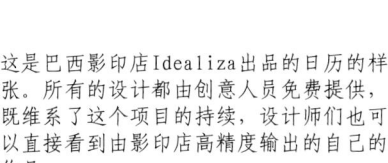

这是巴西影印店Idealiza出品的日历的样张。所有的设计都由创意人员免费提供，既维系了这个项目的持续，设计师们也可以直接看到由影印店高精度输出的自己的作品。

UNDERSTAND THE JOB AHEAD
洞悉你的客户

在项目开始之前，我们可以提早采取一些措施，以降低成本。

无论是新客户还是老客户，都试着请他们登门造访。不仅便于用你的充满设计感的空间环境去感染他们，也便于向他们展示各种所需的视觉材料，不论是设计书籍还是网络案例，或是之前的设计作品。这样你可以把节省下来的宝贵时间、金钱与出行的精力，而更多地投入到实质工作中。客户答应登门造访恰恰表达了他们渴望合作的诚意。

高效利用会面的时间。如果因为第一次沟通不够而不得不安排第二次会面，就会造成很大的浪费。会谈中明确问题，按条目记录清楚：正确理解客户的要求与希望达到的目标，搞清楚客户的喜好，了解客户的竞争对手及其优势。明确了这些问题的答案，能够防止因方向偏离而多走弯路，既节省了费用开支，客户也可以因此清楚了解获得的服务内容、时间进度和所需开支。

▼ Staynice的客户为他们提供了一个绝好的工作场所——位于海滨城市费利辛恩的一个老酒店，可预算只能涵盖包括食品和饮料的有限费用。但诱惑力仍然令人难以拒绝，于是工作室选择了使用胶带、刷子和乳胶漆自己粉刷墙面。

STAYNICE
THE NETHERLANDS

UNDERSTAND THE JOB AHEAD 023

|导客户。如果你有好的想法就告诉他
们。要有自信心，毕竟你花的是他们
的钱，他们是因为相信你才让你这么做
的。如果你能帮他们节约成本他们当然
会感激不尽。主动向你的客户介绍你所
想到的省钱的方法和实现的方式，证实
每分钱都用之有道。如果不想拿设计费
替生产费用买单，就要为生产费用预留
空间，以应对供应商的提价和支付运输
费用。

在正式开始前，先想想哪些是客户自己
能够内部消化完成的，这样就可以减
少额外开销。如客户是否可以自己做文
案？还有谁能比他们更了解自己的？如
果可以，会实际加快整个进程并节省时
间和金钱。还有如客户能提供高品质的
影像资料吗？在这本书的后面章节中，
我们将会更加深入地探讨在购买图片和
绘制插画时怎样省钱，以及终端输出时
经济有效的方法。

不同于一般的户外广告模式，格拉茨剧院（Graz Theater）为即将上演的Moodley剧目做了一次别开生面的宣传。放弃了广告牌的预定和制作，而是用相对便宜的聚苯乙烯制作了标注信息的箭头，并将它们安置在城市中最出乎意料的地方。

GET YOUR QUOTES CONFIRMED

确定预算

SUBTITLE
ITALY

▲ 为了最大化地利用撒丁岛阿卡达斯酒店（Aquadulci Hotel）的预算，Subtitle工作室创造性地选用了保守的色彩，将单色、双色和四色在一种无涂层的纸张上巧妙结合。

在你着手设计工作之前，安排好预算是至关重要的。你必须将实际所需的费用记录留档，并设定合理的时间段。

例如，你已经接受了客户的报价负责印刷部分，但印刷厂却以纸张提价为由也提高了价格，这时估计只能由你自掏腰包垫补差额，客户方是不太会再给你提供这一补助的。为避免这一问题，你应该之前至少联系三家印刷厂，比较报价。但对于报价最低的那家一定要三思而后行，为什么他们能提供如此低价呢？印刷质量是否会打折扣？还是这个价格其实存在水分，并没有包含运输费和完稿费？只要有疑问就一定及时问清楚。仔细核实，千万不要让其他因素干扰你对实际报价的判断力。

为了避免报价差错，开始时就一定要明确提出你的要求，否则当你的设计稿最终送出去时，问题就会暴露出来，从而增加许多费用。在第一次交付印制时就要协商好追加的费用，如你只需要1000份，但要谈好若追加为2000份的价格。

如果中间过程你还需要和插画师、摄影师或其他创意人员打交道，谈妥版权的归属就更为重要了。这直接涉及到如果半年内你的客户要求再版印刷，你是否需要再次支付版税的问题。

TIP

小贴士

你可以在很多好的印刷公司的网站上下载专业的报价单（同时也可以上传设计文件），报价单上的各种问答题可以引导你获得尽可能精准的报价。你也可以选择通过电子邮件或传真来接收。

TIP

小贴士

批量印刷通常较为合算。只要达到一定数量，其他的差异无非是纸张的多少和运费的浮动。印制800份和印制1000份的费用几乎相同，所以如果客户要求800份小册子，也报给他们印制1000份的预算。

GET YOUR QUOTES CONFIRMED 025

TIP

小贴士

人们通常认为光面纸比较贵，其实其他的纸，如丝光和哑光纸往往会更贵。

子细选择纸张材质，这直接关系到价格。若你要印制一本小册子，就要想好封面的材质，经济的做法是选择和内页一样的纸张。特别是对于不超过16页的小册子，这样可以只计算一种纸的重量。此外，除非你想要费成本的折叠插页，控制页码数量为4的倍数。标准的印刷方式是用2倍于小册子的纸张双面打印再中缝装订，即一张纸就生成了4页。例如16页的小册子就是双面打印在4张双倍尺寸的纸上，再装订成册的。如果加一张纸，就意味着加了4页，即成了20页，否则没法牢固装订在一起。如果只要求加2页，那只能是用一张更大的纸打印6页，再将加页折叠，随之成本也就加上去了。

最后，记住好的设计与糟糕的设计之间的不同通常在于<u>一个好的问题解决方案</u>的产生，决不是徒有虚名的华丽外表。

有信誉的设计公司会信守承诺，不会无故增加费用支出。所以在与客户确认报价时，一定要确保涵盖了客户提出的所有要求的费用支付。如果因漏算了哪一块再去讨要就非常难了。

CHAPTER 2:DESIGN PROC
第二章 设计过程

JOSHUA GAJOWNIK
USA

STAY ON BUDGET
遵守预算

没有比遵守预算更重要的了，一旦与客户就某个项目报价达成了协议，无论怎样都难以再讨要到更多。

权衡周全是否值得冒险向客户提出追加资金的要求。如果你开口了，还能留住这个客户吗？但如果是客户自身提升了要求，如印刷尺寸加大了，那你完全有权利提出相应的资金补给。但如果是因为纸张或印费提价且发生在你们达成协议之前，那你只能自己兜着了。如果你已经开工超过三个月了，印刷厂商又要提价，聪明的做法就是直接回绝。同时向他们说明这一做法对你与客户间合作关系造成的危害，如若没有诚信可言，你也不得不去再找合作对象等客观现实。切记得饶人处且饶人，以公平公正为宗旨。一旦真的与印刷厂商闹僵了，你就只能再找下家。尽全力不要让你的客户知晓这些环节甚或卷进来，自行把这事给摆平——这是你的职责。

> 诺琴兹（NoChintz）文具的目标是打造生动、强烈、灵活和环保的形象。统一的色彩强化了品牌，也便于标牌的复制加工。运用可回收材料并用标签纸标注品牌经济又不失冲击力。

REMAKE
USA

使用双色印刷是出于对预算和创意概念的考虑：每张页面上的套色都代表了艺文律师志工团Volunteer Lawyers for the Arts（VLA）的两大成员（艺术家和律师）。预算中还必须包含低成本的商业摄影，以增强整体的视觉语言。将金属色叠印于其他色彩上以创建层次感，并对封面做了裁切，可以直接看到内页，这种创造性的印刷和装订技巧都是为了凸显每张页面的创意趣味。由纽约瑞格曼印刷厂Riegelmann Printing印制。

NO CHINTZ
UK

平心而论，客户总是希望为他们的品牌找到最好的设计，也不希望一次又一次地浪费彼此的时间。很多设计师注意与客户建立良好的关系，增进彼此的信任，由此可以节省很多额外的支出。

如果你赢得了客户的信任，你就可以为设计赢得更多的有效时间，推动整个过程有条不紊地进行，从而也避免了额外的浪费。这对于甲乙双方都是一个理想的状态。当然你还可以通过电子邮件、PDF格式传输或网站下载等电子方式传送设计稿和文件，以进一步降低成本。

如果客户更改了要求，增加了印刷数量或产品的数量，你需要立刻获得客户书面的成本费用增加的确认单。建议通过电子邮件方式，既可获得书面的资料又快捷便利，千万不要听信口头承诺，别幻想着这样就能将发票兑现。一旦因此出现了问题纠缠，你必须能够证明是按照客户的要求来执行的，实则是客户方违背了之前的合约。但这绝非易事。

存在的一个灰色地带就是对于你花费了大量时间的作品客户并不喜欢，认为并没有实现预期的效果或是标准。这种惹人烦的情况时有发生。可能你认为非常满意的设计，在客户眼里会觉得过于艺术化了，与他们的品牌形象不符。无论怎样，他们拥有绝对权，别奢望着他们能为不认可的设计买单。如果你的辛勤付出被一次又一次拒绝，你就要想想你们是否适合继续合作了。有些时候，你要当机立断地退出并承认失败。

有效利用你的时间。通过面谈获得最初的构思和视觉效果，接下来的改动和设计调整都无需再通过当面会议。打理好你的时间表，如果你能把控当前项目所需的时间长度，你就可以为下一个项目赢得更多的时间。一个优秀的设计管理者会为每个项目安排好合理的时间进度，并对具体情况及时调整，而不会用出勤卡来做刻板的限定。学会由此及彼和举一反三，及时总结经验可以不断提升利润，降低支出。

ONE SPOT COLOR
单色印刷

▼ Up Projects 委任REG为花卉展做了一系列的推广资料、明信片和邀请函。选用单色印刷不但节省成本，而且还可以提高印刷品质。专色油墨比起常规的四色油墨色彩看上去更具有表现力。

REG
UK

选择单色印刷节省了印刷和制作成本，却增加了设计表达的难度。一定层面上，通过单色印刷，只能依靠巧妙的创意实现设计自身的魅力。

色彩对设计起着至关重要的作用，限定于只能使用一种色彩绝对是个挑战。如何只依靠一种颜色创造丰富而有趣的设计并非易事，但一旦成功了，必定会给我们不小的震撼。

单色印刷成本低廉，因为这是印刷中最简单的一种。

通常是用标准黑墨印于白色纸上，也可以选取潘通（PANTONE）色卡的1100多种独立色彩中的一种，打造迥异而惊艳的效果。或者是将不同的颜色印制在不同的纸上，可以获得更多意想不到的视觉画面，也可以通过控制印刷强度来实现一种色彩的不同色调变化。

FABRICE PRAEGER
FRANCE

ONE SPOT COLOR 031

GIVE UP ART
UK

◀ Tempa唱片要发行一系列限量版的彩色单张唱片。在有限预算下，唱片封套必须用单色做统一设计，适应于每张唱片并满足大批量印刷。通过特殊的模切，既让封套内的彩色唱片显露出一部分以示区分，又保护其播放区域不受损坏。标签用单色印刷，以衬合唱片本身。

Spot color showing
Pantone® Red 032C and tints
潘通红色专色显示和色调

100%   50%   20%

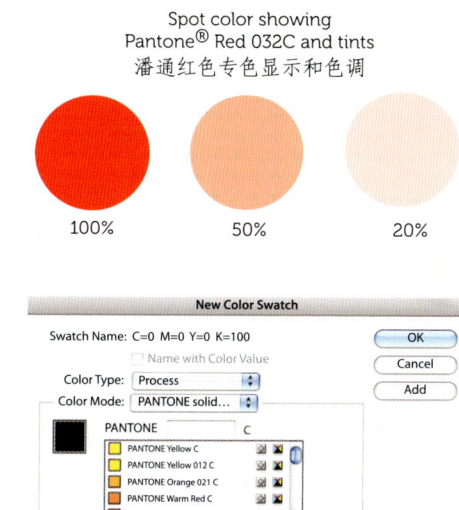

通常印刷过程中需要蓝红黄黑（CMYK）四色套印，即需要四个色版。而对于专色，比如潘通配色系统（PMS）的颜色，每种颜色都有单独的油墨配方，只需一个色版，因而更为经济。如果你需要添加黑色或其他颜色，只需要添加相应的色版就可以了。

◆ 实现这个低成本CD封面的方法很简单：只用黑色单色印刷。

FLÁVIO HOBO
PORTUGAL

为法国和德国的电视频道Arte所做的邀请函，单色印刷后再按上不同颜色的指纹，展开就是一张海报，既独特又省钱。

032 DESIGN PROCESS

▲ 我们发动公众一同完成了城市艺术展的设计推广。尼古拉斯·吉夫斯（Nicholas Jeeves）表示："最值得称颂也是最经济的设计就是我们在展览开幕前一周发放了单色印制的互动卡片。"

WE ARE PUBLIC
UK

◀ 勃洛克为墨西哥Taller de Empresa公司做的形象识别设计："我们常常会忽略了单色能创造的美的能量。"

TIP

小贴士

别依赖你在显示器上所看到的颜色，除非你有一个颜色校准装置。电脑屏幕使用的是与印刷（CMYK）不同的（RGB）色彩体系。

TIP

小贴士

富有创造力地应用专色，仔细处理色彩、色调和版式编排之间的关系，即便不借助四色印刷，也能展示出设计的魅力。

BLOK
BRAZIL

ONE SPOT COLOR 033

CASE STUDY:
PURPOSE

案例分析
PURPOSE
工作室

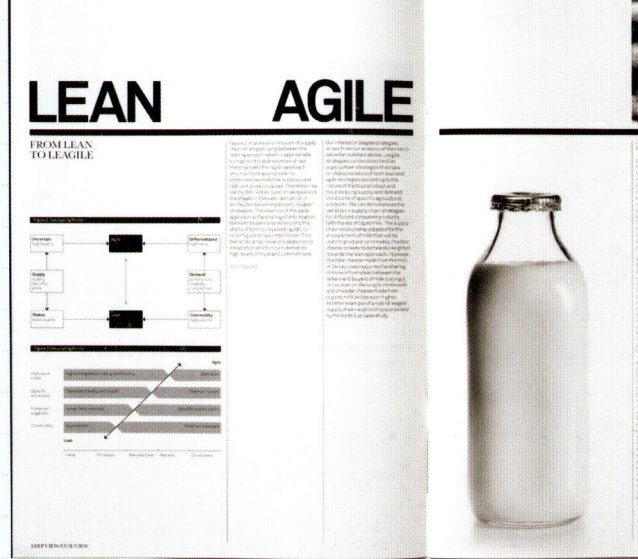

Purpose工作室为客户EFFP复兴《视点》(《View》)杂志的视觉设计,采用单色印刷。

计师斯图亚特·扬、保罗·费尔顿和亚·布朗希望版式设计成为整本杂志的亮,这不仅能节省对图片和插图的费用支,而且可以让他们尽情体验字体、色块留白间的相映成趣。结果是集大成于一,花费却很有限,节省的费用用于支高品质的Think4霍华德史密斯纸。在B2 07×500毫米/275/16×1911/16英寸)纸上的双栏版式设计充分利用了纸面空,所有使用的图片和插图都源于便宜的材网站。

PURPOSE
UK

034 DESIGN PROCESS

SHADRACH LINDO
USA

▲ 运用单色黑打造的一个美丽异常的黑白世界。在PHOTOSHOP中将四色全彩的图片转换灰色模式再进行组合拼接,最终呈现出一奇妙的蒙太奇画面。

TIP

小贴士

如果案头没有潘通(PANTONE)色卡或软件来确定颜色怎么办呢?创建你的黑色明度渐变色带,连同你的设计稿一并交给印刷厂商,他们会根据色卡来选择与你的期望值最接近的颜色。所有好的印刷厂商都会乐意免费做这件事,因为从中他们可以体味参与创作的乐趣,而非仅仅只是简单的输出工作。

TIP

小贴士

尝试将专色印在不同颜色质地的纸张上,记录所呈现出的丰富的视觉变化。

▷ 通过黑色单色印刷与素压印的结合,设计出一款简约又具视觉魅力的名片。

THREEWHITE
JAPAN

ONE SPOT COLOR 035

由B&W工作室为专业摄影师巴里·米利肯设计的一套超酷的办公用品，单色黑印刷，信笺、礼卡和名片合并一起正好拼出了摄影师的名字。

FACT

实战

潘通配色系统(PMS)已经成为专色彩印的首选，除了广为人知的专色系统外，还推出了基于CMYK的色彩系统。根据配色系统的色彩样本，可以实现较为精准的色彩还原。

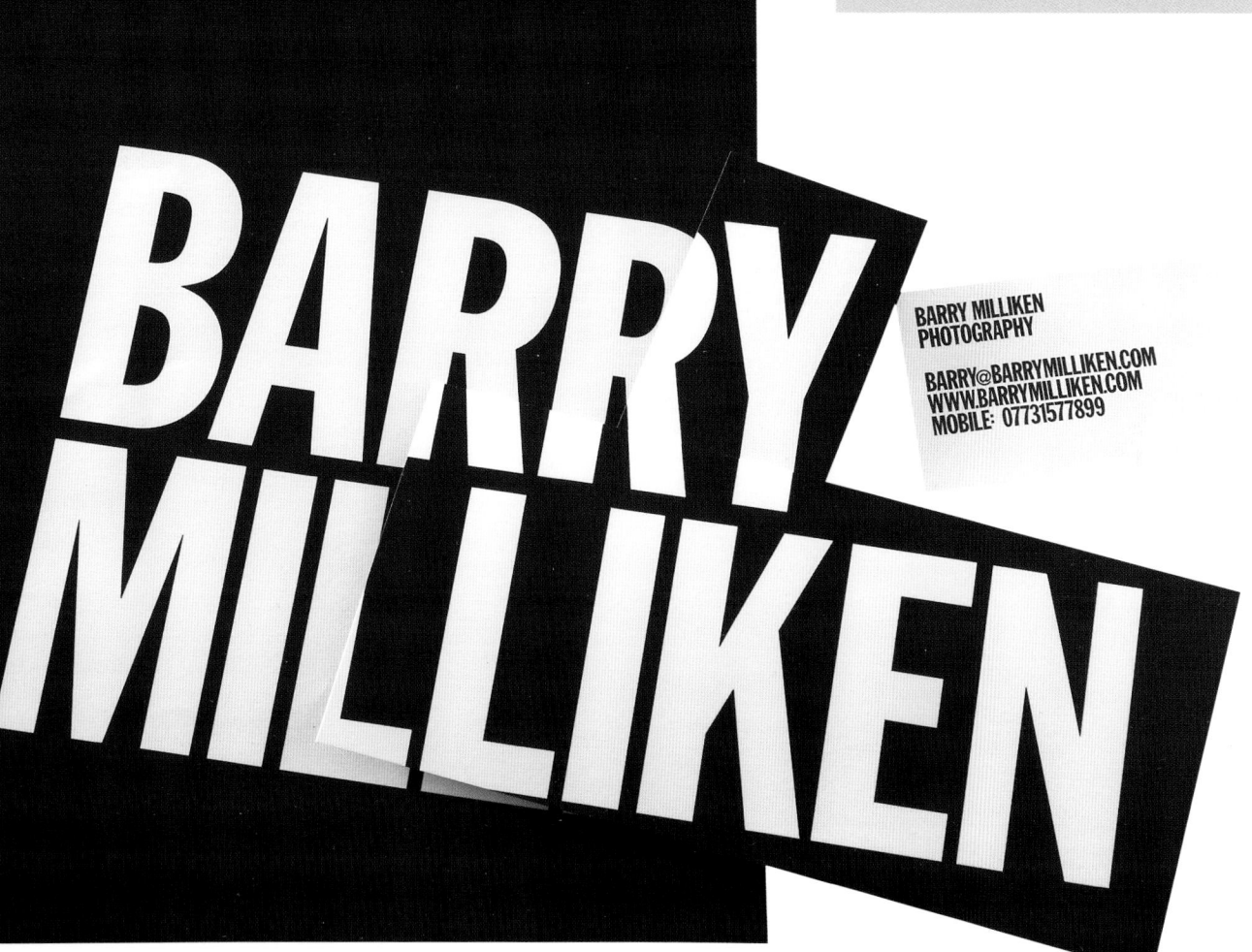

&W STUDIO
K

036 DESIGN PROCESS

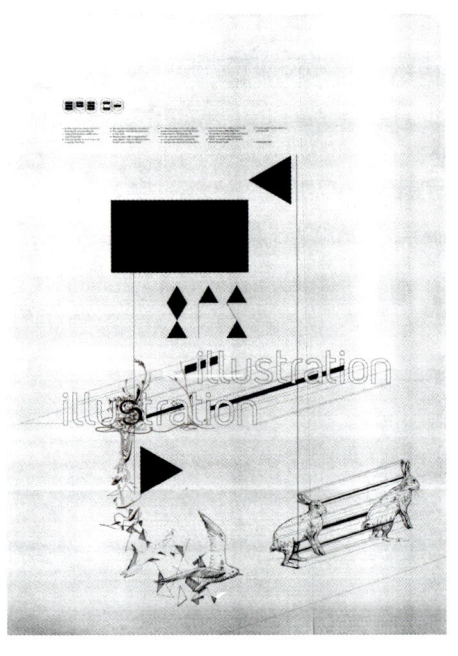

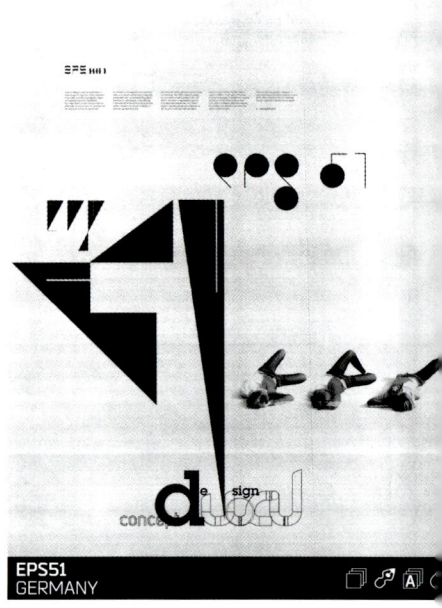

▲ 由柏林eps51为迪拜的brownbook杂志所做的系列海报，设计师希望证明高预算和奢华印制并不能等同于高品质的设计，实际上提供给他们的预算非常充足。eps51将迪拜的人工建造的浮华的城市环境与建筑以黑白图像表现，用一台廉价的黑白打印机打印在100g的普通纸上。

▷ Projekttriangle工作室为米兰国际家具博览会做的设计报告，因为对方是非营利机构，因而设计师设计了一个可以服务于整个项目的通用型的设计，并用黑色单色印制。

TIP

小贴士

想要实现一种虚幻的底纹效果，可以尝试调整全色的明度为10%。

为客户Centrum Beeldemde所做的邀请函，都不是全色彩印，由涂鸦获得了启发，用专色银印制在彩色的350g纸上。

DC WORKS
THE NETHERLANDS

致力于提高陶瓷艺术的北克莱中心委托为这次展览设计宣传册，用不透明的白色直接印制在彩色的平版印刷的卡片上。

VETO DESIGN
USA

> 曼谷的 akarit leeyavanich为普吉岛的美容护肤中心face2face所做的令人称赞的系列包装设计。每一个标签一种颜色，不仅降低了成本，更为重要的是创建了一个统一鲜明的产品识别形象，且每个产品又独具个性。

DEFAULT DESIGN
THAILAND

> 为保持低成本，标志只用了黑色，连同信笺、信封和名片都通过数码打印输出，宣传资料则是用黑白或彩色激光打印机自行打印的，或直接存储为可供下载的PDF格式。使用单黑色还有一个原因就是所用字体的需要：Tenth Church希望表现出粗重、简单又具当代性的识别形象。

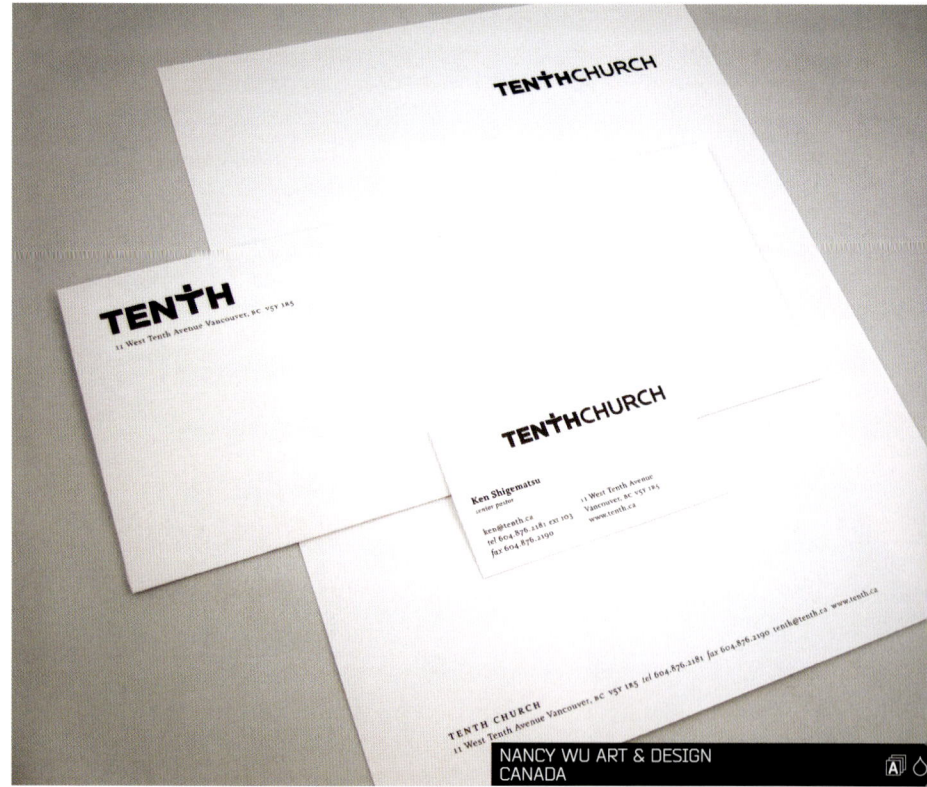

NANCY WU ART & DESIGN
CANADA

ONE SPOT COLOR 039

STUDIO ASTRID STAVRO
SPAIN

由Astrid Stavro工作室为欧洲艺术指导俱乐部和他们的奖励项目所做的折页设计，需要满足低成本制作和方便邮寄的要求。折页展开是一张A2尺寸的海报，折叠后正好是标准信封大小，双面单色印刷且相对独立。

月光露天影院Moonlight为吸引广告商和投资者而制作的宣传册，因为预算少得可怜，每本册子都用了一张单色印有野餐毯图形的纸包裹起来以增强视觉效果，册子的封面则是设计师自己拍摄的图片和一张普通的黄色不干胶贴纸。

NAUGHTYFISH
AUSTRALIA

TWO SPOT COLORS
两个专色

◆ 由DC Works设计工作室设计的小册子，用以辅助鹿特丹创意活动的宣传。总共只使用了两种专色，将节省的经费用于宣传册随附的纸质手镯的制作。

DC WORKS
THE NETHERLANDS

由双色到单色虽然只增加了一个字"一"，但却为设计师增加了难以计数的可能。

双色印刷通常是在黑色的基础上再添加另一种颜色，从而丰富视觉效果，当然你也可以在1000多种专色中选择其中的两种，有成千上万种的组合。除非你有意所为，尽可能保证所选取的两种颜色的和谐搭配。

如果在色调上再做些变化，就可以得到更多的色彩效果。

利用图底衬托文字可以赋予版式突出的视觉效果，用纯色块与深色调可以增强对比效果。

另一种方法是将文字套印在纯色块上，利用色彩的深浅对比或同一色系颜色的强烈对比都能获得很不错的视觉效果，例如将青色用于深蓝的底色上。

为了实现更好的效果，尝试着使用金属油墨或其他特别的油墨，将专色与金属色套印而不是色彩调配，可以创造出与众不同的效果。

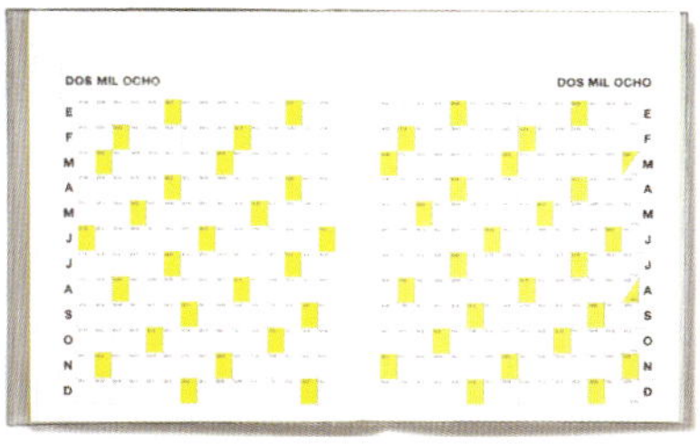

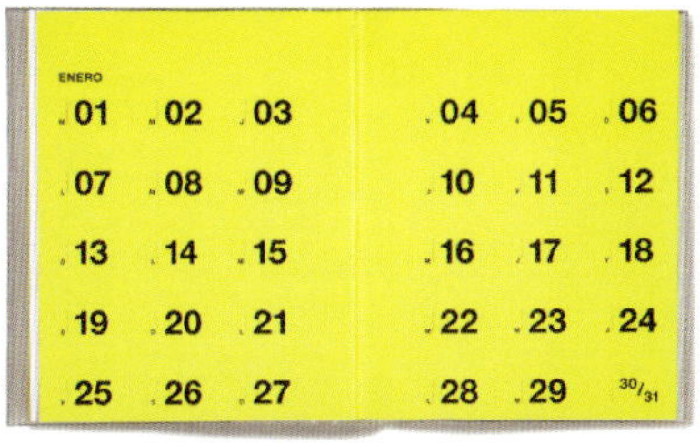

TWO SPOT COLORS 041

> 巴西勃洛克设计工作室为位于墨西哥城贫民区的一所贫困的技术学校设计的记事本，需要反映学校提倡的自豪的、勇敢的和积极的观点与态度。使用了两种专色打印在便宜的纸上，明亮的荧光黄让整体设计醒目而出色。

> 为短片《无路可逃》(《NO WAY HROUGH》)所做的音乐海报，影片主要反映各国政府特别是在战争时期对人口流动的限定。海报用迷宫的形式视觉化表达了影片主题，用笔沿着路径去描，最终可以呈现出片名 NO WAY THROUGH。虽然只用了简单的双色专色印刷，对影片却具有着强烈的视觉暗示力。

BLOK
BRAZIL

MUSIC
UK

042 DESIGN PROCESS

CASE STUDY: REMAKE
案例分析 REMAKE

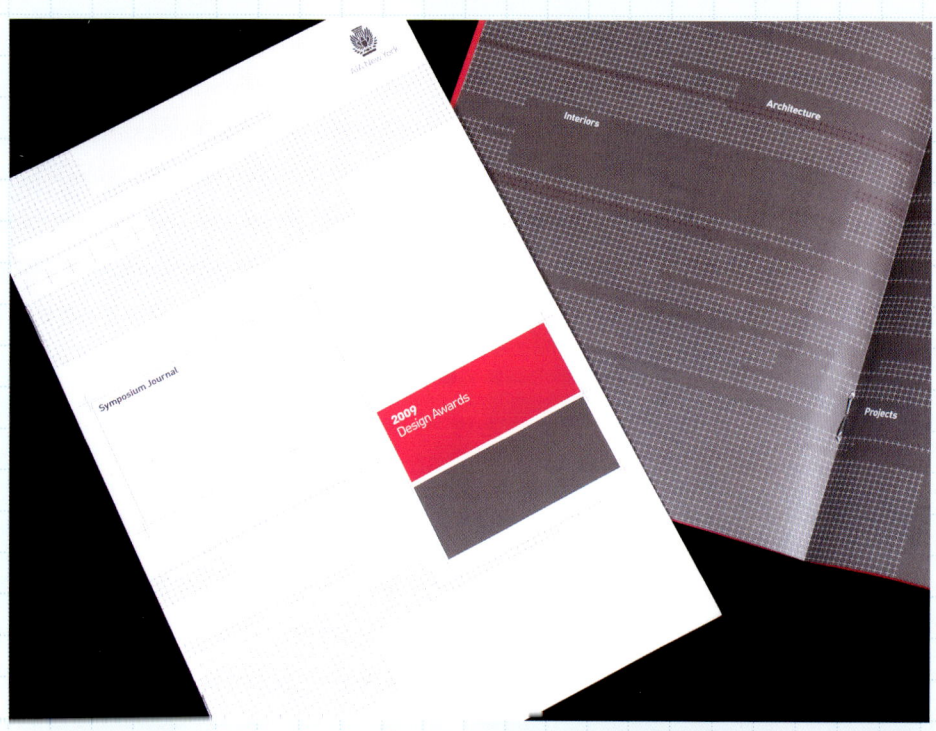

Remake工作室的迈克尔·戴尔（Michael Dyer）介绍如何用更低的成本，运用两种色彩创建杰出的设计作品。

"设计奖和建筑类型奖"是美国平面设计师协会AIGA纽约分部每年举行的赛事，大量的印刷用品和展览的筹备都只能在有限预算下完成。

因而，双色印刷被广泛应用，其中红色代表了设计奖，灰色代表了建筑类型奖。

所有的纸张都是印刷商的存货（进一步降低了成本），而且用尽量少的版式形式、设计形式服务于内容以实现效率的最大化。

装裱在墙上的泡沫塑料板组成了灵活价廉的展示系统，展示作品通过简单的喷墨打印呈现在展板上，大大降低了成本要求。

两种专色的双色调

双色调是将一幅灰度模式的图片转换为两个专色构成的双色调模式。由深蓝和浅蓝两个颜色就可以创建一幅色调变化丰富的双色调模式画面,由两个互补色,如红与绿,可以创造出更强烈、近似于色调分离形式的画面。在纸面印刷中运用双色调的方法可以获得单一专色所不能及的更为丰富的色域范围。

创建双色调模式最适合的方法是在Photoshop软件中将图片格式由CMYK转成灰度,再转成双色调。通过曲线调节两个专色的强度与对比。

TIP

小贴士

双色印刷仅比单色印刷贵了一点儿,大多数的印刷厂商都会备有一个小型的双色印刷机,以应对全色印刷机突然罢工之需。尽管单色印刷只需要两个滚筒中的其中一个运转,但你其实需要花费同等的时间。由此可见,最经济有效的方式是增加一个颜色,让机器开足马力来工作。

SCALE TO FIT
THE NETHERLANDS

◁ BNN委托Scale to Fit工作室在限定的预算下设计一本凸显高品质信息传播的品牌宣传册。"DIY创意手册"的概念由此诞生,整本册子用双色印刷,不仅随册附带马克笔,还有手标的页码和独立黏贴的全彩图片和贴纸,确保了每一本的独特性。

044 DESIGN PROCESS

BUROPONY
THE NETHERLANDS

BUROPONY受邀请为Chega 唱片公司设计单曲《整夜》(《Nocha Dura》)的专辑封面，双色印刷和来自于网络的低精度图片的剪切拼贴，共同打造了带有野性的艺术感。

STUDIO EMMI
UK

这是一本教师用书，用以帮助教师介绍学校的音乐课程。整本书双色印刷，封面和封底共有8页，而且被裁切得小于内页。线圈装订增强了书的牢固性，并可以和其他诸如试卷等资料一同放进文件夹里。

TWO SPOT COLORS 045

CHRISTOF NARDIN
AUSTRIA

这是一张为维也纳应用艺术大学的系列讲座而设计的海报，用了专色金和普通黑色的双色印刷，产生了非常引人注目和令人难忘的视觉效果。特别是金属色在不同光线的作用下，显现出不同色调的变幻。

❤ 这张海报通过双色印刷，呈现出很美的画面。

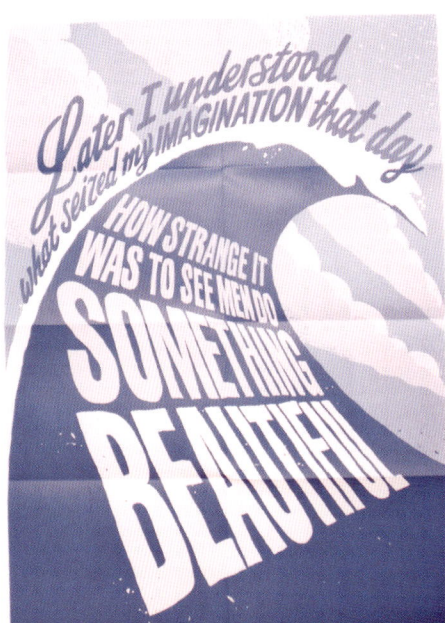

ANDY SMITH
UK

◁ 一个通过双色印刷与醒目的版式风格结合
▽ 好范本。这样简约又具色彩感染力的名片，
相信一定会让你一直记忆犹新。

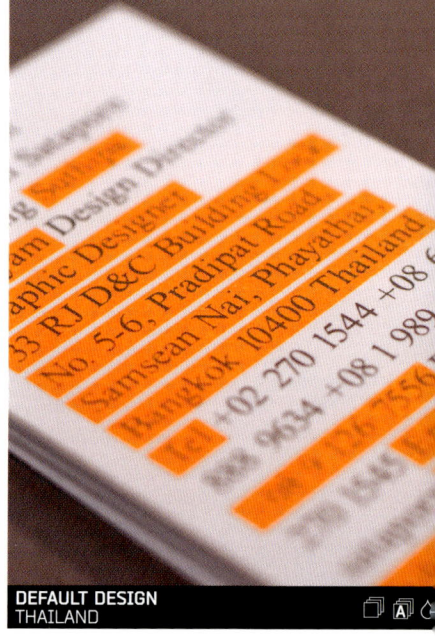

DEFAULT DESIGN
THAILAND

HEYDUK, MUSIL & STRNAD
CZECH REPUBLIC

◁ 这是由两种专色双面打印的折页宣传资料。

TIP

小贴士

限定两种专色，可以节省整体的成本。但若你用了两种以上的颜色，那选择用CMYK的普通平版印刷会相对比较经济，尽管色彩的还原度会打些折扣。无论怎样，和你的印刷商商量出一个最省钱的方法。

CASE STUDY: ADHEMAS BATISTA
案例分析 ADHEMAS BATISTA

ADHEMAS BATISTA
BRAZIL

Grateful Palate是一个推崇创意与品位的食品品牌，目标市场为美国和澳大利亚。

随着他们富有创意的酒系列的不断扩充，包含有鹰Evil系列、狗Bitch系列和一种半鹰半袋鼠的Roogle系列，Grateful Palate委托设计师兼插画师爱德和马斯·巴蒂斯塔为他们的酒系列创建全新的识别形象设计，包含从瓶盖到纸箱、标签、标志、名称和图形形象等所有相关的内容。巴蒂斯塔用专色设计了一系列极其赚取眼球的形象，并保证了最大的货品堆放量。

CASE STUDY: WE ARE PUBLIC
案例分析 WE ARE PUBLIC

We are public设计咨询公司熟练掌握了专色印刷技术。

首都社区基金会（专用于资助以社区为基础的行动，以改善伦敦最贫困的阶层为宗旨）努力维系已有的捐赠资源，并广募新的援助力量。这套明信片（左图所示）鼓励大家去看伦敦的另一面，而不是伦敦旅游宣传片的惯常印象。每张明信片都采用了不同明度的黑与单一专色，每隔三个月发放一次，作为一年的定期信函，最大限度地节约了成本。

首都社区基金会08-09年度报告（右图所示）的设计目的是在保证最低成本的基础上，实现广泛而具吸引力的宣传。基金会的双色新形象的设计早几个月前已经出炉（由艺术总监Nicolas Jeeves主导），强烈的红色与黑色促成了插画形式的设计风格，伦敦随处可见的鸽子则化身为代言人。通过前期小批量印刷和后续PDF格式的电子传送，进一步降低了成本开支。

WE ARE PUBLIC
UK

TWO SPOT COLORS 049

WE WORK
WITH THOSE AT THE GRASSROOTS

WE WORK
WITH LONDON BOROUGHS

Foreword

From the Chairs of BFI, Film Club,
Film Education, First Light Movies,
UK Film Council and Skillset

Introduction

Film inspires, excites, informs and moves. It has often been described as the great art form of the twentieth century; and it has certainly been one of the most popular.

WE ARE PUBLIC
UK

050 DESIGN PROCESS

> 由巴西设计机构ps.2 arquitetura +design为SESC pompéi的视觉艺术和新媒体的课程而设计的月宣传册，设计允许客户在未来自行编辑修改，从而降低了成本。以圆点作为设计基础元素代替图片，每本册子仅使用两种专色印刷。

PS.2 ARQUITETURA + DESIGN
BRAZIL

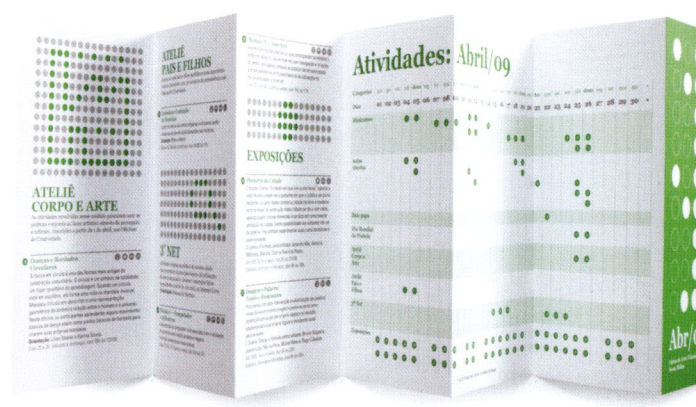
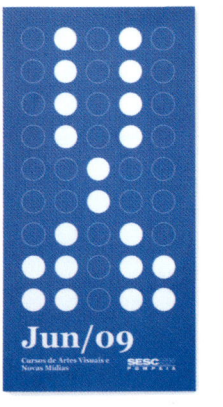

GRAPHISTERIE GÉNÉRALE
LUXEMBOURG

> 分别使用了两种专色的系列包装设计

CASE STUDY: JOSHUA GAJOWNIK
案例分析 JOSHUA GAJOWNIK

Windhover是北卡罗莱纳州立大学年度文学艺术奖。

美国设计师约书亚·杰温柯（Joshua Gajownik）设计了专色印刷的年鉴。杰温柯回顾说："预算经费有限且要经过层层审核，一旦设计方案通过了，就要尽全力实现低价高效的印刷效果。为了避免整套的全彩色印刷，书的首页和末页都被设计成双色的名录，从而节省了大量的预算费用。我们甚至在页面的尺寸上'斤斤计较'，以实现每一张纸的最大化利用。我们万万没想到的是，由此节省下来的大量经费竟然可以让我们现在封面上采用UV局部印刷。"

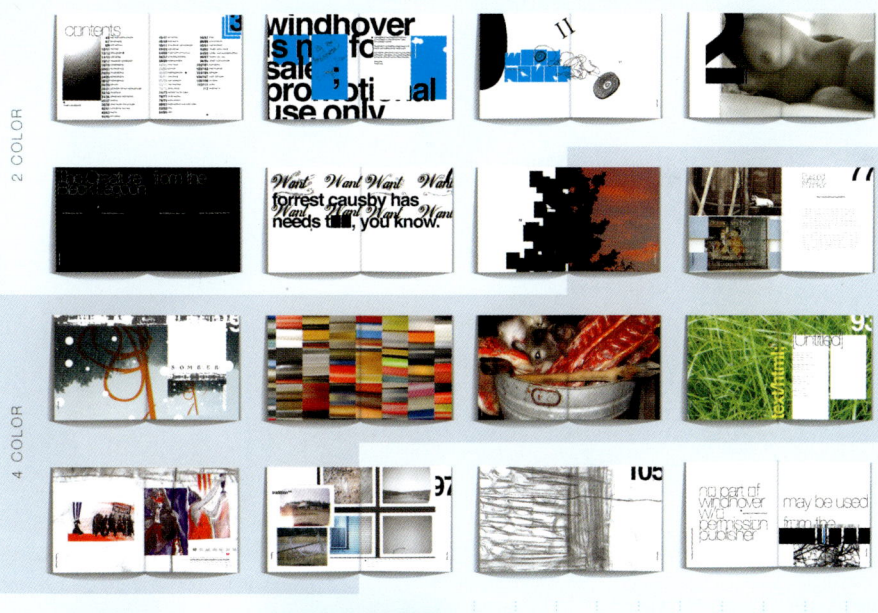

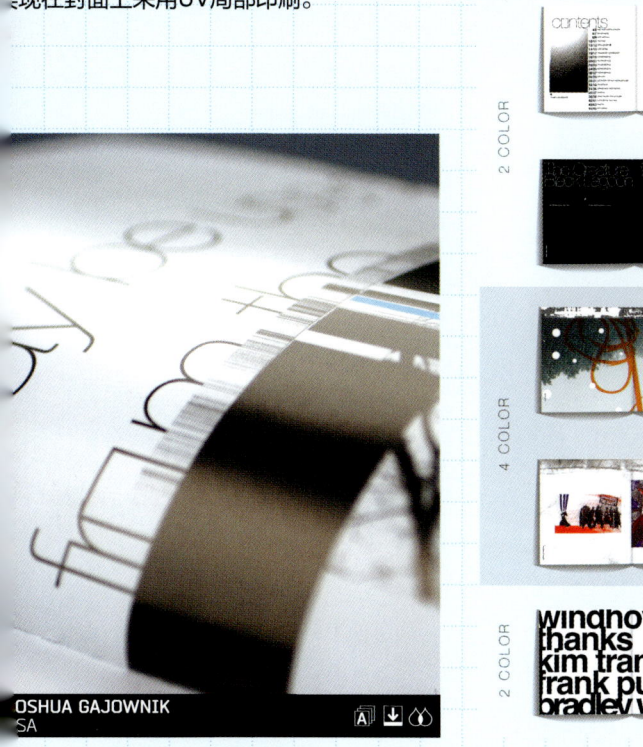

FULL-COLOR PRINTING
全色印刷

全色CMYK平版印刷是应用于大批量商业平面印刷中最常见的一种形式。

它是大批量印制的海报、广告传单以及宣传手册中需要通过彩色图片展示某一产品或地方的最经济的方式。试想当消费者看着黑白印制的出售汽车、沙发或夹克衫的宣传手册时，会发问："红色的那款看起来是怎样的？"

EDHV
THE NETHERLANDS

全色印刷被推向了极致！由格雷弗平版胶印机制作的美不胜收的画面。全色印刷是通过多次叠印实现的。

全色印刷基于青色、品红色、黄色和黑色四色版，能够表现除金属色等特殊要求以外的其他各种可印刷色。当然也可以试着用特殊专色的CMYK近似色来解决，但总是会存在差异。如果需要与潘通红032C相匹配的一个CMYK色，基于对潘通色卡的色值分析可以获得：

青色=0%
品红色=92%
黄色=65%
黑色=0%

记住，相对于每个专色只需一个色版，全色印刷的每个颜色都需要一个色版，成本自然也被相应提升。

▲ 在无涂层纸上呈现的完美全色平版印刷，使用了胶油以避免文字经摩擦褪色。

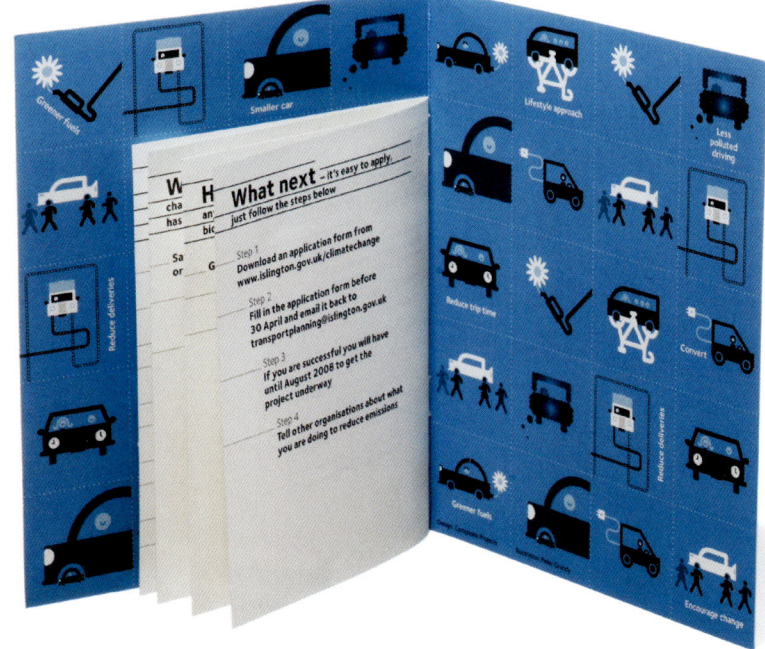

设计的目的是创造一本让企业主觉得眼前一亮又易读的宣传册。内页文字全部采用了黑色单色印刷，以便节省成本用于支付封面封底的全彩印。

054 DESIGN PROCESS

> Kuizin为封面使用了全色印刷和荧光色油墨结合的方式。

TIP

小贴士

如果你对色彩规格有任何疑问，就问问你的印刷商他们用的是什么系统。如果你将要与某个特定的印刷商合作，最好是在你的电脑里安装与他们匹配的色彩系统。大多数的印刷商都有他们自己的一套系统，他们会乐不可支地帮助客户在电脑里安装同类色彩系统以实现一致，并从中获得更大的收益。

KUIZIN STUDIO
CANADA

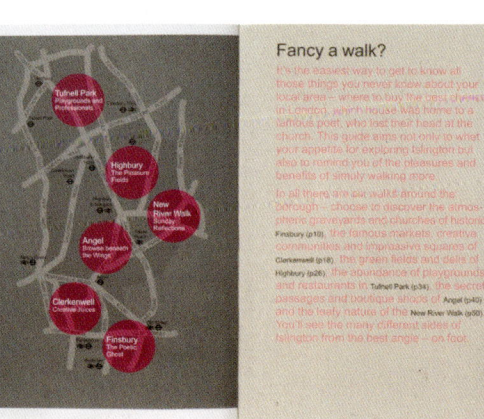

宣传册被分成了三个部分，用两种专色印制在廉价糖纸的正反面上，用潘通专色荧光粉替代了CMYK的红色，并将原本的CMYK色彩模式做了调整。

BEAM
UK

FULL-COLOR PRINTING 055

TIP

小贴士

如果你的最终打印稿包含了全彩色照片或者超过三种以上的颜色，那么全色印刷是明智之选。由不同比例的青色、品红色、黄色和黑色混合调配成生动再现图片的各种所需色彩。

SOCIO DESIGN
UK

个人宣传册，全彩色印刷，UV工艺处理。

KVORNING DESIGN & KOMMUNIKATION
DENMARK

‹ 2008年在丹麦举行的世界音乐博览会，需要通过海报和宣传册展示展览目录。为了既能降低成本又能用全彩色表现，克沃宁将海报和宣传册合二为一：当宣传册被展开后就成为一张海报。

CMYK DIGITAL
CMYK 数字化

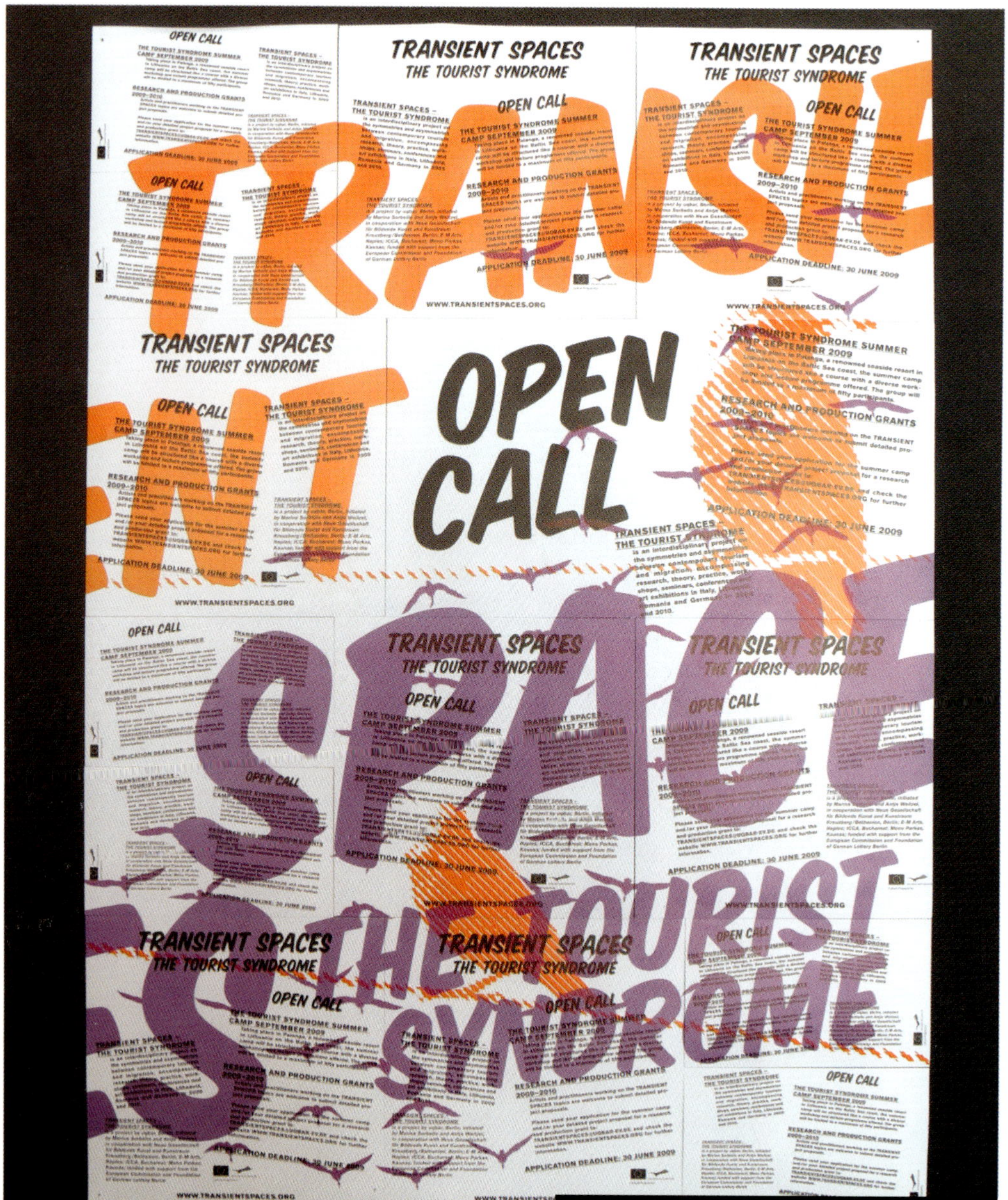

EPS51
GERMANY

在很长一段时间内，设计师尽量避免使用数码印刷。它的印刷品往往看上去很低廉，色彩陈旧，品质拙劣；折页也没有获得什么好评，页面的折合不理想，而纸质更是不敢恭维。

幸运的是，这些都已成为了过去时。现在你若有一台好的数码打印机，你会为得到的打印结果而兴奋不已。数码打印既便宜又快捷，而且快干。

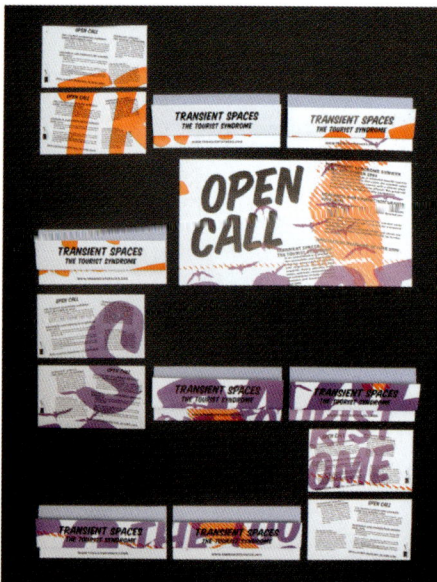

^ 这张海报要被分成七张独立的散页和六份
< 小传单，通过线上数码打印，再由柏林一家专业从事裁切和折叠的工作室将其拆分而成。

CMYK DIGITAL 057

◀ 因为低预算和仅200份的数量，Lettera22
▼ 和P.Soleri的CD封套设计为7英寸大小，黑白数码打印在300克的纸上，手工折叠。Artiva设计工作室还制作了手工黏贴的CD贴纸，用一台小型喷墨打印机单色数码打印。

ARTIVA DESIGN
ITALY

数码打印不需要使用色版并用墨粉替代了液体油墨。这就意味着它并不需要使用那些价值几万美元的海德堡印刷机来完成——它只需要从诸如冲电气、施乐和普惠等制造商那里得到便宜得多的彩色复印机就可以了。随着科技的进步，这些机器的印制质量也有了突飞猛进的提高。尽管有时结果不能与标准的彩色平版印刷齐平，但之间的差异微乎其微。

数码打印的另一大优势是可以轻松调整数量，标签每件作品使其拥有各自的名称和识别号码，特别适合于对邀请信和直邮广告的印制。数码打印机的终端输出同样便于整理装订，完全可以与传统的打印机抗衡。

ARTIVA DESIGN
ITALY

058 DESIGN PROCESS

◄▼ 这是一本为一位将要退休的老师量身设计的书，书名是这位老师最喜欢的主题"文化冲突"。书中图文结合，展现了大量老师们的故事。BUROPONY设计工作室将"冲突"的概念体现在图形、版式和字体的方方面面。封面由一台近乎废弃的点阵打印机打印完成，全书只有两个部分使用了全色数码打印，将成本费用控制到了最低限度。

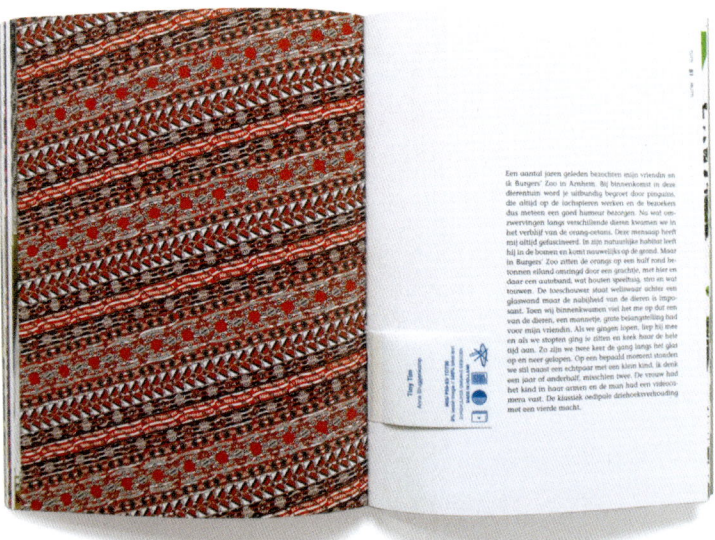

数码打印为"家庭"设计师制作面对特定对象或机构的少量创意作品提供了极大便利，比如结婚卡片或手工制作的公司小册子等。现代数码快印彻底变革了短周期、低质量的设计市场。

数量在200份以下，数码打印从费用和速度上都无人能及。但一旦达到了几百份，传统平版印刷就显得更具成本效益了。很简单，大多数数码打印按份计酬，因而，如果仅仅只需20份，那费用相当低。如果20份通过平版印刷，那费用就非常惊人了，因为要计算初始成本。

BUROPONY
THE NETHERLANDS

外封面是在英国GF Smith Colorplan纸质上做了锡箔烫金，内页是由位于格拉斯哥的Traffic工作室委任专业印刷商21Color数码打印在丝质纸上，并用铜钉订合。结果是诞生了一本制作考究、短周期、全彩色的小册子，用以宣传由伯恩斯室内设计工作室建造的两幢奢华型房屋。

TRAFFIC DESIGN CONSULTANTS
UK

数码打印的另一个缺点就是限定了对纸张的选择。因为数码打印使用墨粉而不是墨水，很难在质地厚重的肌理纸张上实现好的效果。墨粉只会堆积在纸表，而不会像墨水一样渗透纸张，特别是对于具有肌理纹样的纸张，平版印刷的油墨可以赋予色彩更好的层次感。权衡两种方式的利弊，巧用数码打印的方法，可以大大减少制作费用和周期。

HA DESIGN
USA

这一自我宣传邮寄广告将数码打印的名片转变成礼物标签，所有的折痕和打孔都是手工完成的，保证了低花费。

060 DESIGN PROCESS

CASE STUDY: DESIGN BY IF
案例分析 如果设计

Susans的标志先是由手绘草图，然后导入Adobe Photoshop、Illustrator和InDesign软件中分步骤描绘，最后由Adobe Illustrator软件制作完成，采用CMYK四色打印。

Susans是一个只有少量预算的新公司，空间资源也十分稀缺，这就要求文具与包装盒体积越小越好。

标志由三朵玫瑰花和一朵苏格兰蓟组成，分别代表苏珊自己，她的两个女儿和她已故的丈夫。

这种惹人眼球的卡片背后留有大量的空白可以手写价格，只需打个孔穿一根细绳就能变身为吊牌。背胶贴纸可以方便地标贴在文具或三明治的外包装上，简单、快捷又容易。

一个简单的博客成为与潜在客户线上沟通的有效方式，省去了创建传统型宣传网站的大笔费用。

DESIGN BY IF
UK

这组特别的爱斯基摩人型包装的发布主要用于吸引潜在的消费者,仅仅只有小批量加工需求。所有的元素都是数码打印在纸板上或丝网印在塑料上,以减少预算。

< HA设计公司利用了线上的一个免费提供信封印制的印刷商,几乎未费分毫就成功制作了信笺。

SCREEN-PRINTING
丝网印刷

丝网印是一门古老的基础工艺，是家庭作坊印制的极好方式，简易节省。

做丝网印时需要使用模板。背景图形被绘制在一块涂有印油的特殊的廉价网版上，再将染料涂抹在网版之外的区域。每个色彩都需要一块独立的网版，可以反复大量印制。

得益于它的多样性、设计特色和独特的色彩表现，丝网印刷是能保质保效的方法。它能够满足学生、插画师和任何希望得到价格适中又具个性的限量版印制品的客户的需求，是诸如服装印制、非纸质印刷和其他宣传类产品印制的解决方案。

◀ 这是应客户要求，为表演艺术家Mama Lou的DVD所做的印刷组件。通过单色丝网印刷在棕色牛皮纸上和信封上。

SCREENPRINTING 063

丝网印刷的突出优势就是允许你可以在各种材质——金属、塑料、纸张、木头、布料，甚至是混凝土上充分展示，为设计师和客户提供了广阔的选择途径，不必担心额外费用的生成。通过一定的练习，你可以通过丝网印刷自由实现自己的创意。

许多设计师都会在家里或工作室里置备丝网印刷设备以应对小型的创意设计，这给予了他们对整个工作的完全控制权，实现专业化的优越性。在开始时无需大量的资金设备投入。

MARK CANESO
USA

为了降低为奥蒂斯学院所做的海报的费用，pprwrk工作室的马克·坎纳斯决定用丝网印制海报，这是实现创意效果的最有效方式。坎纳斯亲自在100磅的法国纸上用金色金属油墨印制了每幅海报。

> 为Rewind Life乐队所做的唱片设计和宣传资料。从CD到海报，所有的产品都是在自制的丝网印台上单黑色丝网印制。主体小册子是在当地的影印店复制并手工折叠的。

MATTHIAS DUNKEL
GERMANY

064 DESIGN PROCESS

TIP

小贴士

如果要制作一批宣传T恤衫，选白色可以比其他彩色的便宜10%—20%，试着限定印制的色彩数量也会减少丝网印的费用。大多数的公司标志都是由两种专色构成的，将这两种色彩用于你的设计，并选择适合大小与位置印制在T恤衫上。遵循这些简单的步骤，可以节省置衣费、印刷费和制作费。记住，大家更喜欢穿一件没有明显的广告宣传痕迹的商务衫。

ANDY SMITH
UK

‹ 安迪·史密斯服务的品牌包括耐克、奔驰、奥林其和索尼，他将幽默、活力与乐观融到插画与版式设计中创建画面。

CASE STUDY: LANDLAND
LANDLAND

案例分析

Landland是一家位于美国明尼阿波利斯的小型平面设计与插画工作室，于2007年由丹·布莱克、杰斯卡·斯曼和曼特·祖共同创建。

Landland解释说："我们已经从事了很长一段时间的创作，但直到2007年我们才实际入住了一个真正的工作室，有阁楼、墙壁、水槽、照明和我们的丝网印刷的桌子，所有的一切都是为了满足我们印刷的需要。"

Landland工作室兼作为一个设施齐全的丝网印刷店，主攻唱片、招贴和艺术印刷品制作。我们创作我们的视觉图像，通过丝网印刷、计算机、扫描仪、影印机和图片等加以实现。

我们通过丝网印，自己印制所有的招贴，只需要很低的成本花费就可以获得一大堆印刷成品。建立你自己的丝网印刷工作室，你实际需要的只是一盏灯、一个浴缸或水槽、一张印刷的桌子和一张丝网。为Built To Spill乐队做招贴设计时，我们使用了透明的油墨，用于当不同图层叠印时创建附加色彩。每个颜色都是单独印刷，色彩越多就意味着费用越高。在此情形下，我们印制了四种颜色（棕色、浅蓝、绿色和非常透明的灰），当所有叠印在一起时，色彩看上去显得丰富很多。

LANDLAND
USA

COLORED PAPER
彩色纸

▼ Fleming Design设计工作室为了实现最低成本，将前一个项目剩余的彩色纸张做了再次利用。用单一的黑色专色在哑光的彩纸上印制了两次，既增强了黑色的力度，又制造了光亮的效果，节省了上光的费用。

FLEMING DESIGN
CANADA

宣传印制资料基本都是印在白色纸上的，可能是铜版纸、绢纸或哑光纸，但都是白色的。你上次选择其他有色纸是什么时候？是否白色纸一直是最好的选择？

白色纸和专色印刷作为行业标准已经几十年了，如果你希望你的下一个宣传单真的能够与众不同，考虑彩色印刷在彩色纸上。

当你的设计要印制在彩色纸上时，记住传统的平版印刷油墨是具通透性的，这一属性在白色纸上印制时并不能显示出来，但如果图片和文字印在奶白色的纸上，你就会注意到了，色彩整体偏暖，这是因为纸张本身的黄色调会显透出来。

纸张颜色越深，对图片色彩的影响越大。在彩色纸上印制前，请教印刷商关于网点补正的建议，这是一个用于表示油墨的铺展渗透和纸张的结构性能的术语，特别常见于无涂层、质地柔软的彩色纸上。印制在彩色纸上的印刷作品很少见，试试看，可能会得到你长久以来最好的印刷成品。

COLORED PAPER 067

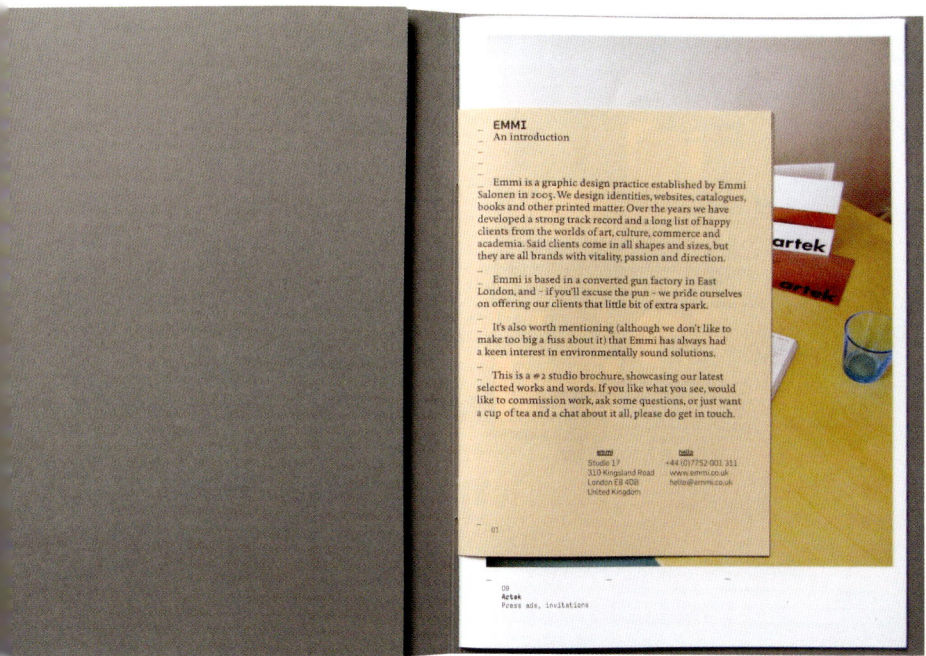

TIP

小贴士

造纸商总是热衷于推销他们的彩色纸系列。上网找一下你所在地区的造纸商并取得联系，大多数都有专门的样品申请服务，会很乐意为你寄送不同尺寸和颜色的纸样。通常会在两三天时间内直接送货上门。记住，仅是样品，别要求或奢望得到500张。

◁ EMMI工作室的自我宣传小册子的模切封面可以允许纳入更多的纸张。没有使用印刷油墨，彩色纸张本身为封面带来了活力。因为没有使用额外的色版，从而减少了费用。小册子被分成三个部分：单色的扉页用以介绍工作室，中间尺寸稍大的全彩页用于展示作品，最后的单色页部分主要是案例分析和客户反馈。

STUDIO EMMI
UK

068 DESIGN PROCESS

▸ Young设计工作室遇到的挑战是要在最低成本下设计一套传单，且每一张都要有所区别。结果是选用了彩色印制在彩色纸上，通过更换不同色彩的纸节省印刷费用，并由此成为了标识形象。

不要在没把握的情况下选彩色纸做印刷。大多数造纸厂都有一系列他们自己生产的彩色纸的印刷样张，热切地希望展示给你。联系一个销售代表登门造访，他们会乐而为之。销售代表会留给你他们的样本册，上面展示了在特殊的彩色纸上的各种印制效果（例如双色调）。你甚至可能会经由他们协商而获得某种特殊纸的折扣价，从而用于你自己的打印机。

另一种利用纸质色彩影响印刷颜色的方法是使用底色。可以通过在不透明的白色底色上套印，减轻或抵消彩色纸对印刷色彩的影响。例如，如果你先用不透明的白色印制一块区域作为底色，等干透后，再在上面印制双色或全色，色彩会在页面上凸显出来，从而赋予图形更多的活力和层次感。

YOUNG
UK

▸ Edhv工作室在彩色纸上巧妙利用了专色，所设计的传单看上去既层次丰富又引人注目，但花费甚微。

EDHV
THE NETHERLANDS

COLORED PAPER 069

CASE STUDY: HEY STUDIO
案例分析 嘿，工作室

Intermón乐施会品牌项目的目的是重塑乐施会在西班牙的形象，并创建与年轻目标市场受众间的情感纽带。

为了打造最具冲击力的视觉效果，文字被转化为图形，标题被精简为单个词语从而直接而快速地传递信息。

通过将黑色图形色块印制在彩色纸上来创造这种引人注目的效果，不仅有效控制了成本，且充分发挥了各元素的作用。

HEY STUDIO
SPAIN

070 DESIGN PROCESS

CASE STUDY: DONUTS
案例分析 甜甜圈

总部位于布鲁塞尔的甜甜圈希望打造一本彩页印制精美的艺术册子。

整本册子的制作工序都是在甜甜圈工作室里通过复印机与数字打印机自主完成的。各种彩色纸张通过输入复印机印制图案，再通过打印机创建文字，然后经由手工裁切，决定页面的出血线与构图，最终经人工折叠并用帆布带装订成册。这样可以随时做修改或添加新的页面，而最重要的是用非常低的成本创建了彩页册子。

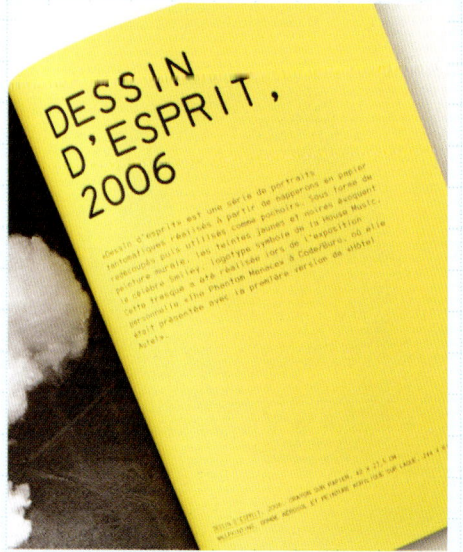

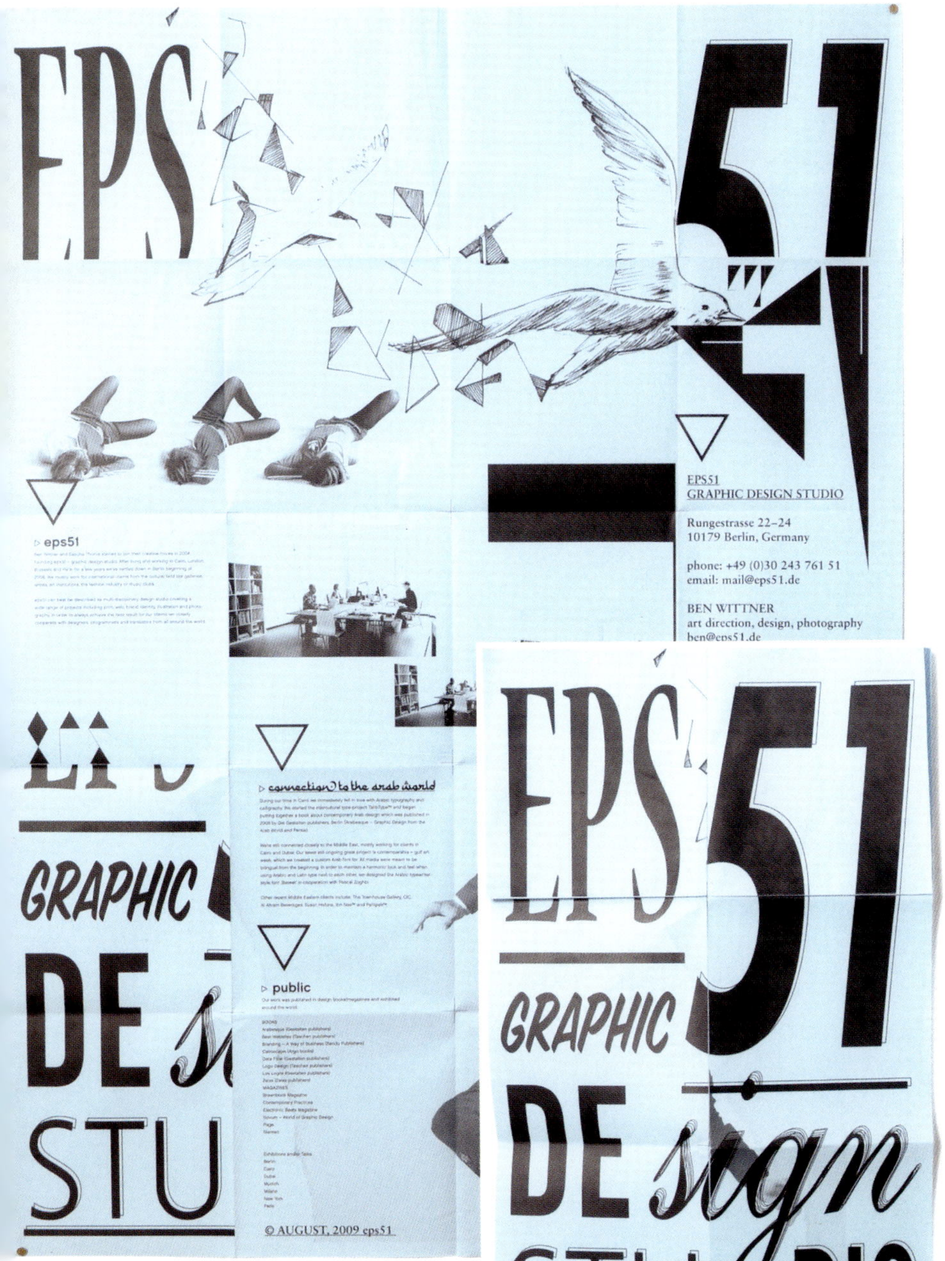

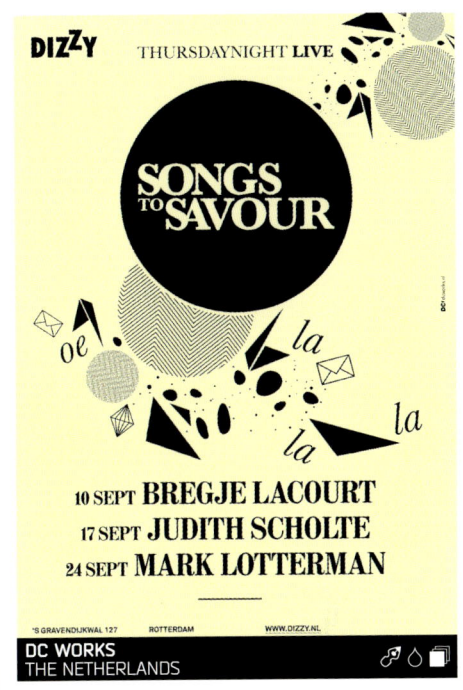

eps51用尽可能低的成本创造一个自我宣传的海报/小册子。用单色印制在彩色纸上，并将纸张进行折叠以获得预期的效果。

EPS51
GERMANY

DC WORKS
THE NETHERLANDS

继这个项目之后直接影印于彩色纸上。基本、便宜、醒目且简单，用最少的成本达到最大的效果。

ALTERNATIVES TO ART
艺术替代品

如果你的预算不允许你购买或使用任何摄影或插图，或是对象并不适合用图像表达，那么就要考虑以其他的方法来解决视觉表象的问题。

回到问题的最核心，你可能会发现绞尽心力地要找到适合的图片并非最佳方案，特别是当这张图片自身并不具有鲜明的特性时。回过头来看看文字本身，是否可以通过富于变化的版式设计实现目的？

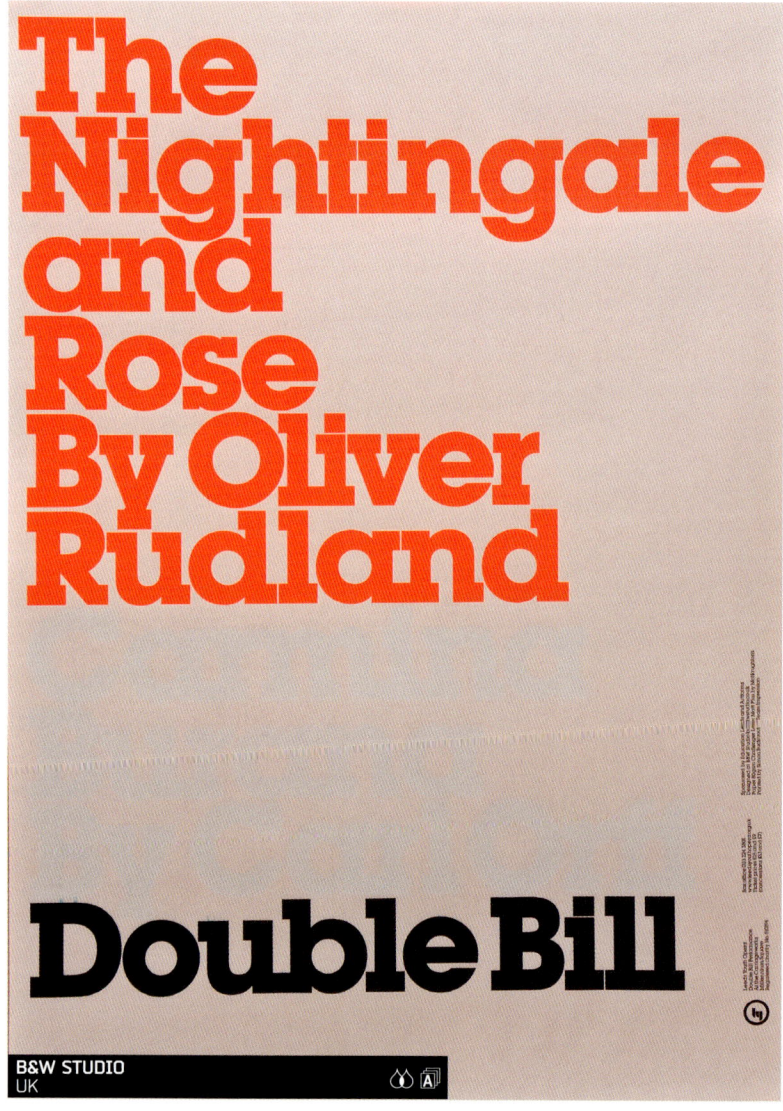

B&W STUDIO
UK

▲ 这张海报通过巧妙的字间距、行距的设定和字体的精心选择，让排版唱了主角。这也证明了好的设计并非一定需要图形的出现。

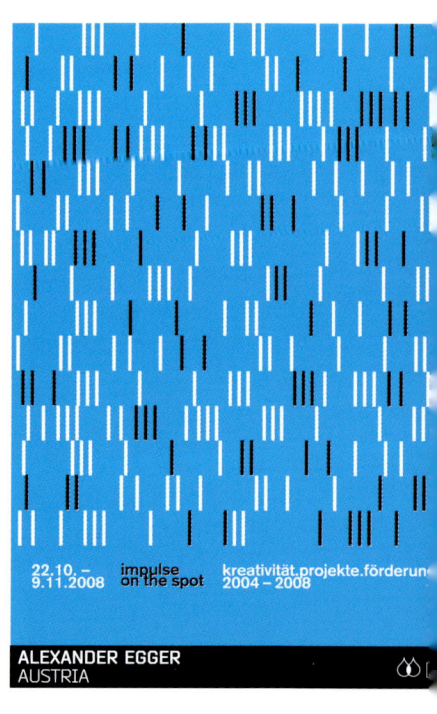

ALEXANDER EGGER
AUSTRIA

▶ 在这张海报中用简单的黑白虚线充当了主体的视觉元素，创造了有趣而强烈的设计效果。

ALTERNATIVES TO ART 073

单纯依靠文字创造美感是设计师技能的一个表征，回顾设计史，会发现应用排版艺术的极出色的案例。包豪斯的厄尔尼诺李西茨基、莫霍里·纳吉，风格派的简·奇措德和瑞士的排版印刷运动都鼓励版式实验和推行单纯依靠文字创造强有力的图形。通观整个20世纪和刚刚步入的21世纪，透过时尚与款式可以追溯同时期版式的发展状态，每个时期都具有独特的版式特征与流行趋势。

优秀版式设计的秘密就是寻找到你的兴趣点与启发点，体会文字的个性，它们的角度、大小、形式，以及它们并置一起时的相互关系等等。

大块的文字可以形成色带，将这些文字块移位、堆叠，形成你独特的图像表现。设计师应该在色彩与版式间游走自如，懂得如何发挥出两者的最大潜力。要记住色彩本身是有性格的，例如红色，常常用来象征温暖、活力、兴奋甚至愤怒；蓝色与绿色则表达清凉与舒缓。

西班牙Astrid Stavro工作室为Ediciones de La Central埃迪森·德·拉中央博物馆的礼品店设计的一系列实惠又具收藏价值的明信片、小册子、海报以及艺术家论著。古典的字体与色彩取代了图形，字体本身犹如艺术品般充满了魅力。

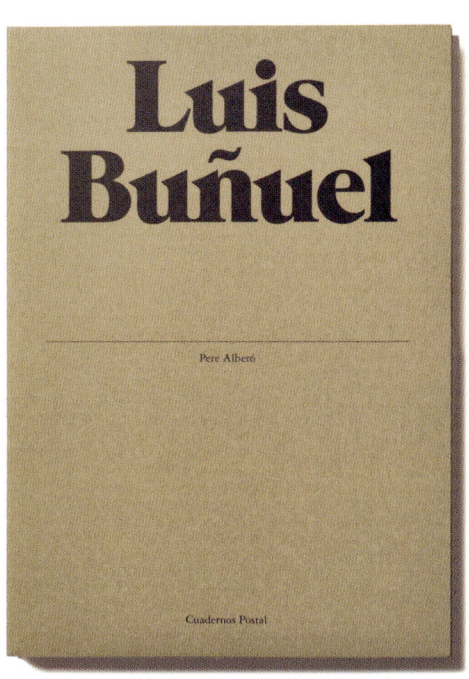

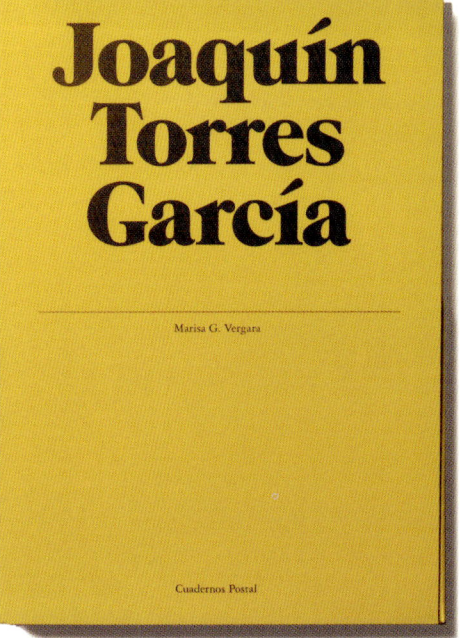

STUDIO ASTRID STAVRO
SPAIN

CASE STUDY: LEWIS MOBERLY
案例分析 刘易斯·莫伯利

这是为高档连锁超市Waitrose所做的极富挑战性的设计，将58种视觉风格各异的产品统一成具有不同结构与尺寸的包装形式售卖，实现成本效益同时传达一个强有力的创意理念。

标签所具有的强烈的版式风格，统一了整体的包装设计。细致的色彩搭配衬托了产品自身的形态色泽，洁净而新鲜。标签上的短语诸如"一点……""一些……"反映了烹饪的随性与乐趣。

一旦有可能，透明的包装材料就会被选用，产品自身的色、形、质成为包装设计的完美元素。文字与透明材质的结合也意味着省去了对产品拍摄与描绘的费用支出。

这一设计理念现在已推广到家庭烘焙原料、新鲜卓约和传统原料的包装售卖。

LEWIS MOBERLY
UK

ALTERNATIVES TO ART 075

STUDIO INTERNATIONAL
CROATIA

◁ Oprosti（请原谅）是为教皇抵达克罗地亚而做的。这些双色套印的海报简洁震撼，被选为克罗地亚年度海报。因国家从这一海报信息宣传中获得了利益，从而对广告牌租用和印制的费用一笔勾销。

TIP

小贴士

色彩在不同的国家文化中具有不同的含义。在西方国家黑色表示死亡与哀悼，在中国则用白色。在印度，蓝色是克里希那神的色彩，因而具有积极的意义；红色则象征纯洁被用于婚姻，而在其他许多国家"婚姻"的表征色为白色。紫色和深蓝色在西方是贵族用色，在许多亚洲国家却是黄色。

DONUTS
BELGIUM

◁ 为La Chapelle du Geneteil所做的宣传资料
选取"形随字生"的明了形式，用粗黑体印刷，摒除了摄影与插图，字体本身就具有了图形感。这种醒目却低价的形式，既愉悦了参观者，又愉悦了出资人。

CASE STUDY: SOLAR INITIATIVE
案例分析　太阳能创意

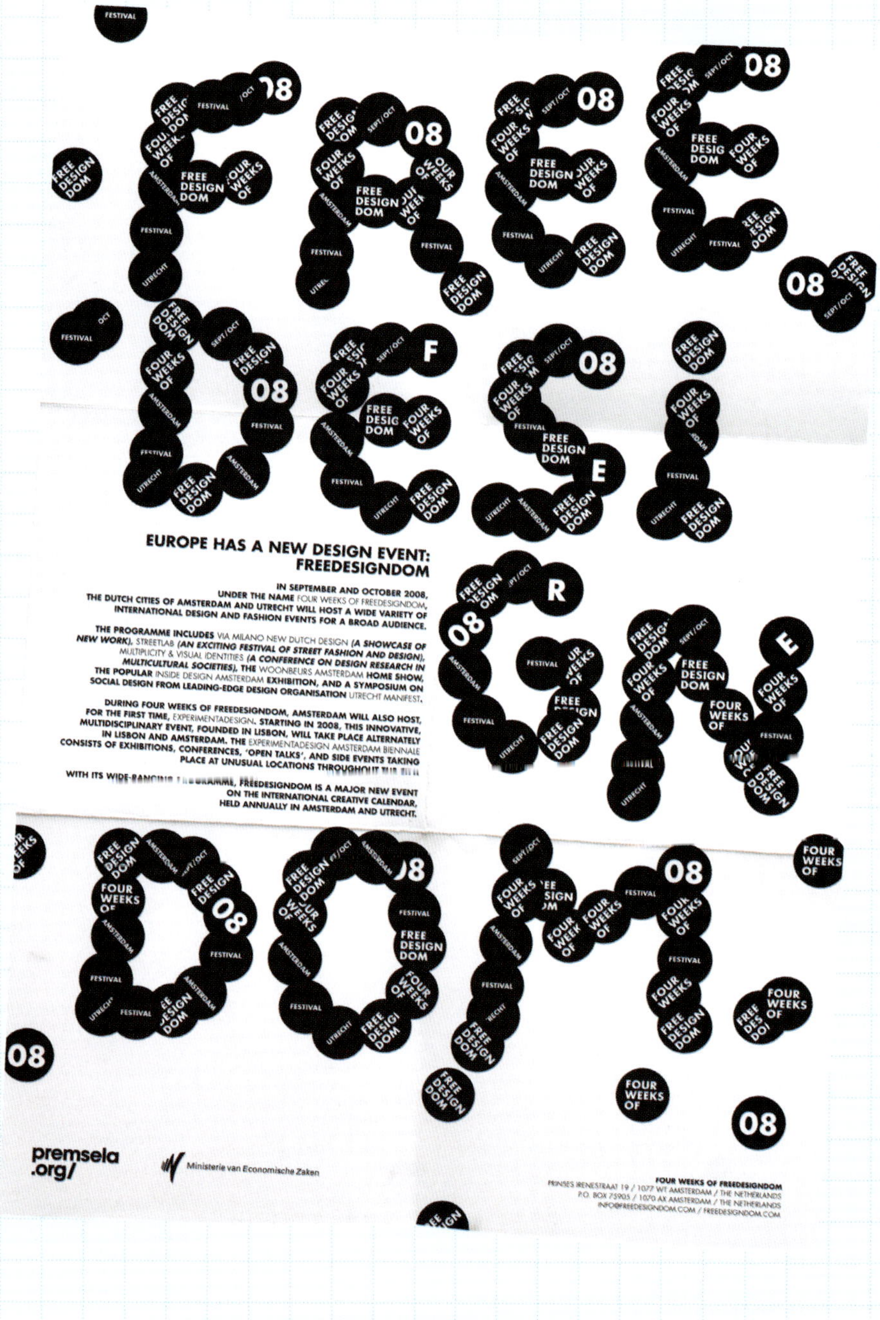

SOLAR INITIATIVE
THE NETHERLANDS

Freedesigndom（自由设计）是一个为期一个月的设计节，在阿姆斯特丹和乌得勒支举行，是包含了已有的展览和新的设计活动的综合展示。

荷兰"太阳能创意"负责了整体的视觉形象和视觉元素设计，表达对各种设计个体存在的尊重。黑色的原点可以当做即时贴组成字母并连成词语，在拼合中发挥每个的作用，其结果是实现了一个独特的品牌展览，并创建了易于识别的形式。同时，非常符合成本效益，易于实现。

ALTERNATIVES TO ART 077

字体版式设计可能是最节省的设计方案之一，也许没有比冲着你喊叫更能触动你的视觉效果了。保罗·斯诺登为Universal Music、Funk Mundial和Boys Noize设计的唱片封套就是成功的范例。

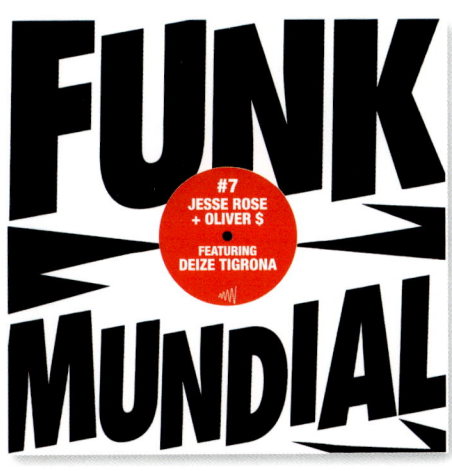

PAUL SNOWDEN
BERLIN

▼ Traffic设计咨询工作室为英国国民健康服务设计的酒精检测包，用两个标准色与专用字体创建了一系列醒目的版式形象。

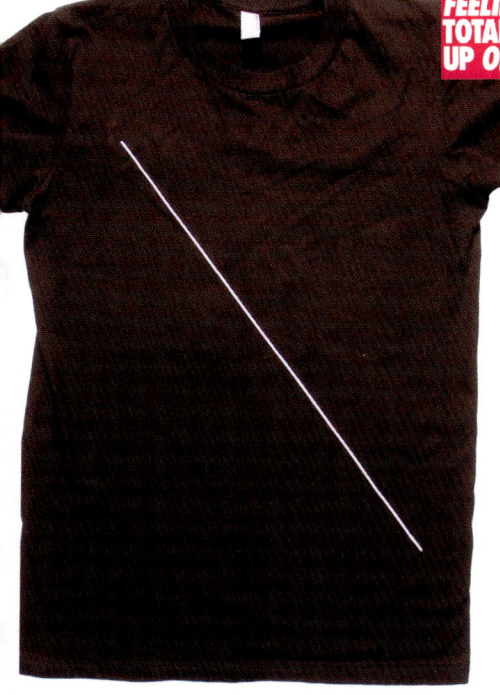

CHRISTOF NARDIN
AUSTRIA

即使一根基本的线条也能创造出有趣的图形，这件简单却不失优雅的T恤衫就是很好的例证。

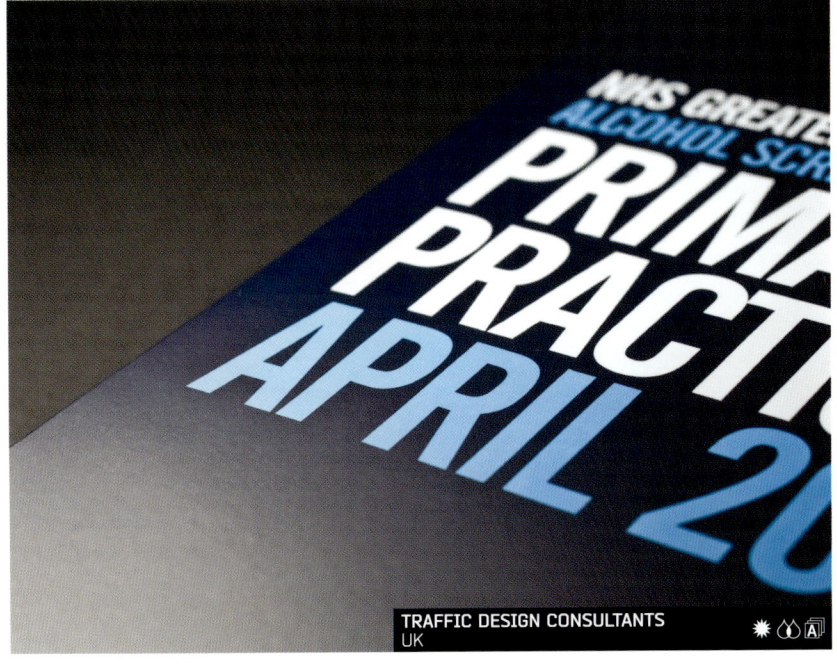

TRAFFIC DESIGN CONSULTANTS
UK

ARCHIVE YOUR WORK
归纳整理

设计师会有一个强烈的信念，即一个好的创意终将见到曙光。

可能它并不是客户最初想要的，但难保在后续的阶段不被认可，甚或正中其他客户下怀。这并不是要你拖着个塞满创意的袋子沿街叫卖，而是你自己清楚那个投入了你大量精力心血的"点子"具有厚积薄发的潜力和原始的创造力，终能博得满堂彩。

关键是不要遗弃好的作品。你应该收集所有的创意并反复审阅，思考它们可再利用的场合与方式。在很多具有视觉要求与成本要求的投标提案中，当你要与其他竞争对手抗衡时，使用既有的模板或表述形式就可以节省大量的时间，特别是如果被要求书面罗列你的经历、资源和能为客户带来怎样的利益价值时，更将是如鱼得水，信手拈来。

一个全面且清晰的档案系统的突出优势就是能够帮助你节省宝贵的时间（等同于金钱），当遇到相类似的情况时，你就可以直接套用，省略相同的环节。详尽的描述性命名可以有效减少你找寻目标档案文件的时间。许多设计公司现在采用中央服务器系统，公司所有的信息资源都存储在一个位置，只要原始数据不被破坏，这个"猎场"就可以回收和再加工未经使用的创意和概念。

TIP

小贴士

并非所有的设计师都能用最新版的设计书籍堆满工作室的书架，好在我们还能利用网络。我们可以通过拖放、存储这种简单的剪贴方法建立自己的视觉数字图书馆。许多线上售书网站（如亚马逊，播放等）能够向我们展示各种书的内页，这就提供给我们针对版式处理的快捷参考讯息。

ARCHIVE YOUR WORK 079

TIP

小贴士

在你的电脑里创建一个文件夹，在你浏览心爱的博客或设计网站时，能随时将触发你灵感的各种文件加以存储和提取。你可以通过电脑屏保程序将这个文件夹变成一个你的至爱图片的幻灯演示，在特定的闲置时间滚动播放。这是很好的灵感启发方式，当你离开时办公桌仍然充满魅力，为整个工作室增添了视觉动感。

◂ 使用科学的归档系统整理以往的项
▴ 目，指定新作品的收纳空间。

CHAPTER 3:SOURCING
第三章 资源

LUNDGREN+LINDQVIST
SWEDEN

THE LAW
法律

FLÁVIO HOBO
PORTUGAL

▲ 这是由巴西Duo Anfibios设计工作室制作的木偶秀的海报，目的是推广新节目"冰箱企鹅的梦想"。为了在预算范围内制作小册子和招贴，弗拉维·奥霍伯使用了免费下载的字体（Andes and Anagram）和90克的低成本纸张。小册子以英语、法语、葡萄牙语和西班牙语四种语言发布。

下载任何东西（文字或图片）都要非常非常小心，特别是通过互联网。因为你正在进入一个法律雷区。

可能很少有人曾经因此被起诉过，而且即使吃了官司，通常把资料清除也就可以解决了。但作为大型跨国公司进行全球性活动时，当未经授权使用拥有版权的文字或图像，并由此取得巨大利润时，问题就产生了。如果存在任何疑问，就不要下载和使用那些素材！除非你通过律师核实了可以拥有其使用权。

版权

版权维护作者、摄影师、艺术家或者出版商等的合法权益，抵制作品被非法转载，在国际上也有相关的协议。然而在互联网时代，知识产权成为了一块日益复杂的领域，地方立法制度往往与互联网奉行的全球化和资源共享有冲突。

记住，即使你拿到了版权批准，也仅限于当次有效，如果你想在六个月后再度使用，就需要重新申请了。

知识共享

知识共享是一个相对较新的获得版权的方孕育于2001年，为一些乐于将自己作品共提供了一个平台，作品被授权只能用于非教育类项目。它基本上是用"保留部分版代了传统的"保留所有版权"，对使用规同的认证许可。想了解更多，可以登录知的官方网站：www.creativecommons.or

▶ 这个作品是为了在波兰弗罗茨瓦夫当代馆所举办的"我是一只狗"展览而创作的灵感来自于美国国家航空和宇宙航行局的式摄影，故事蓝本是苏联空间站的两只——莱卡和斯奇卡。使用了免费下载的天权图片，和从Fontfabric免费下载的由保利亚人斯文森·西蒙（Svetoslav Simov）计的字体Mod。

TIP:

小贴士

在从免费的或者付费的站点下载和使用照片或矢量素材之前,务必阅读有关版权限制的条款条例,部分艺术作品会带有使用限定。对打印输出和图片可被使用的时段或可被复制或发行的地域是否存在限制?是否原创者坚持对作品拥有特殊的所有权?永远不要以为你支付了一些费用就可以毫无顾忌地免费下载或获取素材,确保每次都透彻了解条款须知。

TIP: A TRUE STORY

小贴士:一个真实的故事

一个有口皆碑并具信誉的公司委任了一家廉价网站创建他们的境外线上门户,他们既没咨询也没有参与整个的网站创建,只是简单发送了所需的文字内容。虽然最终成型的网站非常粗糙,但至少是发布在线了。一年后,这家公司因擅用未经许可的照片而受到了诉讼警告,那是一张从一位摄影师的网站擅自获取的照片。因滥用有版权的图片,该公司被起诉偿付2000英镑,而创建这个网站只花费了300英镑。尝试联系委托的那家廉价网站,早已了无痕迹。最终该公司通过庭外和解支付了500英镑的赔偿金并将照片从网站上删除。这是以时间与金钱为代价的昂贵的教训。

CITYABYSS
POLAND

FREE & BUDGET FONTS
共享字体

字体选择正确与否对于设计的成败至关重要，有大量的有衬线和无衬线的字体、时髦的连环画用字体和奇特的装饰字体等，总有一款与设计要求完美匹配。问题就是在哪里能获得，并且能够获得这个字体？

有大量优秀的免费字体网站，但注意——不是所有的字体都可以免费使用，而且这些字体良莠不齐，一旦选用了拙劣的字体会造成可怕的后果。因而就需要靠你的慧眼识别优劣，辨别出粗糙的默认字间距，欠考究的上延线和下延线，或明显的不对称边距和不够圆滑的弧线等。但只要仔细用心，找到在风格、形态和磅数都令你心仪的字体还是相对容易的。

免费字体对某些设计能产生极好的参照作用，特别是对标志设计。标志依靠独一无二的形式特征和色彩方案具备识别性，如果是使用字库字体或常用字体，会让标志平淡无奇并极易被复制。DIngbat字体为标志设计提供了沃土，因为矢量图形本身所具有的自由延展性可以为标志创造出全新的图形元素。

多数设计工作室会直接购买字体或字体库，尽管有时花销不菲，但可以让设计师合法地获得所有经典字体的使用权，也能够避免因到处搜罗某种客户指定的字体，而耽搁中断正常工作进程的悲剧发生。字体制造商包括有Linotype、The Font Bureau、Monotype、ITC国际字体公司、Adobe和T.26等等。

关于字体的经验：集合购买和免费下载的字体，使其发挥出最好的效果。

一些免费字体通常只限于个人使用，不允许以赢利为目的的商业用途，强烈建议在下载字体之前阅读随附的条款说明。请务必注意，非法使用字体是一种剽窃行为。如果你要在赢利的商业项目中使用这些字体，必须得到商业许可。

大量的免费字体并没有商业字体版本中所包含的完整延展系列，通常只是常规版。如果你需要它的粗体和斜体，你只能掏钱购买。与此同时，免费试用版的商业目的也就完成了。

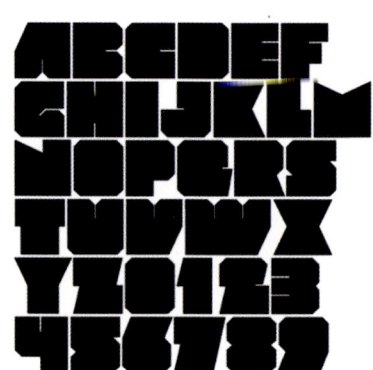

SVETOSLAV SIMOV
BULGARIA

▲ Mod体是一种原创并具实验性的字体，在
◀ 面设计领域被广泛应用——网页设计、印，设计和动态图形设计等。由Svetoslav Sim设计，可从Fontfabric免费下载。

FREE & BUDGET FONTS 085

TIP
小贴士

大部分计算机内装了较为丰富的字体库，为你立马开始设计提供了保证。如果你的预算有限，那么就逐步完善你的字体库。通常，设计工作室会用专款为每个大项目添置专属的素材资源，包括购买新的字体，随后这些字体就成为了共享的资源。有几种不可或缺的必备字体是Helvetica、Arial、Times和Swiss等。

免费字体往往不如商业版字体精致，可能会导致一些问题产生，特别要谨记屏幕上所示并不就是印刷输出所得。仔细检查免费字体中是否包含有破折号、逗号和问号，大量免费字体中没有连体字母、标点符号，甚至没有数字。

另外一个需要检查的是字体的格式，是否可以打开或被电脑的字体管理系统识别。字体大致包含适合打印与屏幕阅读的TrueType，适合精细版式的PostScript和适合专业出版的OpenType格式等。今天，大多数字体都具有兼容性，但一些较早的为苹果机设计的字体还是无法在微软平台上使用，所以还是要确证字体是否具有苹果系统和微软系统的兼容性。

绝对不要从一些来历不明的网站上下载字体，除了可能会感染病毒外，还找不到一些商业字体的明确性质标注，这往往会让你因无法获得合法的获载途径而误入了侵犯版权的泥潭。务必从正规网站上下载字体。

THE FOLLOWING LIST IS SIMPLY A STARTING POINT FOR SOURCING FONTS—THERE ARE PLENTY MORE SITES OUT THERE.

下面所给出的列表是查找字体的常用网站，除此之外，当然还有更多网站可供选择。

www.dafont.com
一个可免费下载字体的网站，广受赞誉。根据主题分类，同时支持依据名称、日期和受欢迎程度搜索。

www.fontfreak.com/pre.htm
网上最大、访问频率最高的免费字体网站之一，也是一个"必须浏览"的网站。

www.1001freefonts.com
一个强大的字体素材库，所有内容都得到了作者的许可，无版权纷争。

www.fontsearchengine.com
这个实用的网站提供一个拥有超过10000个免费字体和图形的搜索引擎，包含了免费字体库和字体设计师资料库，查找方便快捷。

www.fontface.com
一个提供最新免费字体的超人气网站。

www.highfonts.com
提供超过3000种免费字体，按照字母顺序排列，并设有预览。

www.typenow.net
超过5000种兼容苹果系统和微软系统的免费字体。

www.urbanfonts.com
超过8000种适用于苹果系统和微软系统的免费字体，可按照字母顺序搜索。

www.007fonts.com
True Type字体格式，以字母顺序排列，可预览并可以ZIP格式下载。

www.1-800-fonts.com
True Type字体格式，以字母顺序排列。

www.abstractfonts.com
一个提供超过12000种免费字体的资源庞大的网站，以种类、设计者和流行指数分类。

www.acidfonts.com
4000种适用于苹果系统和微软系统的免费字体库。

www.bvfonts.com
分类排序的True Type字体库。

www.searchfreefonts.com
包含搜索引擎，可下载超过13000种免费字体的网站。

www.fontsy.com
4000种免费字体库。

www.fontsforflash.com
顾名思义，这个网站提供仅适用于Macromedia Flash的字体。

www.webfxmall.com/fonts
一个提供独特字体的优秀网站。

www.jabroo.com
这个网站提供16000种免费字体和一个在线客户端图形生成器。

BENDER, BLACK
ABCDEFGHIJKLMNOPQRSTUVWXYZ
abcdefghijklmnopqrstuvwxyz
1234567890!@#$%^&*()
Designed by Ivan Gladkikh, Oleg Zhuravlev

MUSEO, 300
ABCDEFGHIJKLMNOPQRSTUVWXYZ
abcdefghijklmnopqrstuvwxyz
1234567890!@#$%^&*()
Designed by Jos Buivenga

CREATING FONTS
创造字体

当发现你电脑里预置的字体库不能满足你的需要，想创建你需要的字体又担心太困难时，有几个极好的免费字体设计应用程序，诸如Fontstruct和Fontifier可以助你一臂之力。

Fontstruct
Fontstruct.fontshop.com

是由世界领先的数码零售商Font Shop发布的一个免费的字体创建工具，可以让你通过序列几何图形快速创建文字。你可以创建单个字母或一套完整的字体，自由发布或上传为易安装的True Type字体，或要求保留拥有权。可以随意浏览Fontsruct提供的可供下载的原创字体库，如需使用需要先注册，免费在线使用。

Fontifier
www.fontifier.com

是一种能转换你的手写笔迹为字体的廉价的应用程序。首先打印出Fontifier模板，然后在模板上写字并扫描，最后上传并预览。如果你觉得满意，只要支付少量费用就可以下载你的字体，像其他常规字体一样应用，它具有完全的兼容性。

Fontographer
www.fontlab.com/font-editor/fontographer

Macromedia的Fontographer是用来创建应用于印刷、多媒体和互联网的免版权字体的简易的应用程序。有了它你可以轻松地为已有字体创建细体和粗体版本，以及分数、符号、外文字符和徽标的Type 1字体、Type 3字体和TrueType字体。你也可以从头开始创建一种完整的字体，得到的字体可以分别在微软系统和苹果系统的字体菜单程序中应用。

你可以扫描签名，自动勾勒创建字体，或混合任意两种字体创建一种全新的字体。虽然该软件不是免费的，但使用起来相对简单。

▼ Drahtzieher Design与Kommunikation创造了他们自己的独特字体，在Tanz&Archive杂志中普遍使用。

CREATING FONTS 087

◀ 克里斯托夫·纳丁创造了几种字体,并用一种艺术化的表现形式贯穿于他的设计作品中。

CHRISTOF NARDIN
AUSTRIA

◀ Transfer设计工作室创造这件作品,灵感来源于因硬盘崩溃导致数月的工作成果丢失的遭遇。他们设计了一套完整的字体,作为数据重建的开启。这件丝网印T恤衫只制作了50件限量版,包装盒是单色的直接丝网印制的现成邮寄盒。

TRANSFER STUDIO
UK

HAND-DRAWN TYPE
手绘字体

ALEXANDER EGGER
AUSTRIA

手写字体正在年轻的设计师中变得越来越流行，因为他们享受这种字体带来的创作自由。

有很多公司选择手绘字体作为他们的视觉识别系统的组成元素，让公文看起来生动并更具亲和力，特别适合于时尚而年轻的客户群。

虽然使用手绘字体可能不一定会为你节省预算，但却会有助于激发你的创意灵感，并会因它们自身所具有的魅力而替代图像或插图，从而节省开支。使用手绘字体可以创建"非同一般"的公文信函，赋予独特的视觉形象与传达力。

你可能更倾向于把手绘字体当作一种图形，而不是普通意义上的字体。一旦它被设置成一种可通过键盘直接键入的字体，就会迷失了原有的独特吸引力。最好是将每个句子、段落或标题都一一手工绘制，通过扫描、着色等存储为TIFF格式置入到文件中，从而可以自由地创作编排。

通过在线研究别人的手绘字体和设计应用，然后自己来实践，你会获得极大的乐趣和异乎寻常的效果。

▲ 这是只有250份的限量版的展览邀请函，手工将模块文字印在为之前的一个项目而打印的色谱上。

HAND-DRAWN TYPE 089

总部位于伦敦的Blacklabs设计工作室的自我宣传邮件。专色印在80克Arjo Wiggins Hi Speed Opaque纸上，允许跨页折叠。Blacklabs工作室拍摄了当地的建筑，从中提取出元素加以手绘表现，与文字穿插编排。

BLACKLABS
UK

090 SOURCING

CASE STUDY: TRANSFORMER
案例分析 适时变化

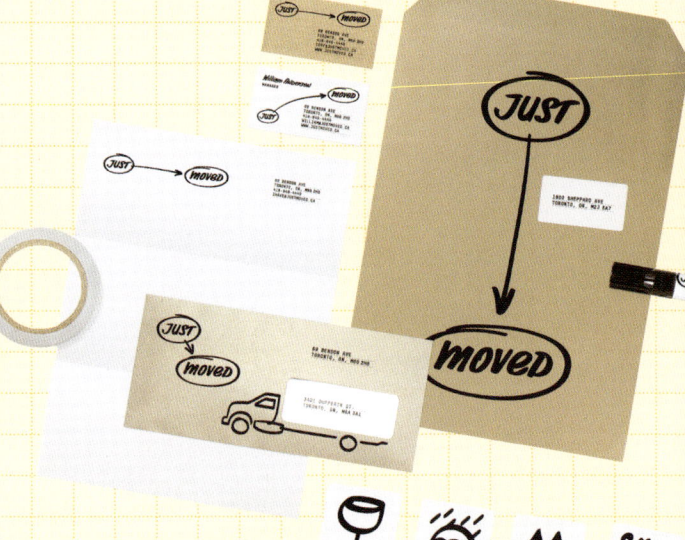

Just Moved是一家成本低，服务全的地区性以及全国性的居民搬家公司。莫斯科的Transformer工作室的主要目标是为其设计一套反映便捷搬家服务的识别系统。

这一识别系统通过格式化印刷复制，成本非常低廉，但质量却绝对不低。标志本身反映出简约性和便捷性。

主要通过不包含图片的单色印刷，整体设计简单，易于让受众理解品牌价值并作出选择。

TRANSFORMER STUDIO
RUSSIA

HAND-DRAWN TYPE 091

TRAFFIC DESIGN CONSULTANTS
UK

◁ Young Voice是一本年轻人的季刊杂志，是为一个地方非营利组织而创办的，没有任何预算可支出。设计师戈登·贝弗利奇（Gordon Beveridge）在设计这一版本的封面时，手绘了所有专题文章的题目。然后将这些手绘画扫描进Photoshop，再加上一张古旧的木质书桌照片做背景。

ARNAUD
FRANCE

◁ Arnaud设计公司通过手绘插图和彩色字体设计了这一视觉效果强烈的CD包装。

092 SOURCING

ALEXANDER EGGER
AUSTRIA

▲ Red-hot是一家位于奥地利的小型通讯销售机构，标志需要表现出革新、创意和竞争力。包含了两种元素：印刷体的"r"和空白的下画线，需要与手写文字共同完成标志。

▶ 奥地利360°设计公司为书展设计的邀请函，所有代表机构的名字都被直接手写在宣传海报的版式线上。

手绘字体可以增强冲击力并享受完全的创作自由，这些特点在Socio设计公司设计的这张青少年性健康海报中得到了充分的运用。

CREATING VECTOR ILLUSTRATIONS 创建矢量图形

矢量图是一种利用某一种绘图软件（例如Adobe Illustrator、Macromedia Freehand、corelDRAW）绘制的图形。它是利用路径创造多边形或线，并且以数据形式保存。矢量图形无论放大还是缩小，图像质量都不会受到影响，相对独立。

SCALE TO FIT
THE NETHERLANDS

◀ Night of Comedy是一个在荷兰家喻户晓的天才戏剧表演团体，形象设计展示了它的多元、激情和滑稽。所创造的各种矢量图形可以用来体现每个喜剧演员在戏中扮演的角色特点。

CREATING VECTOR ILLUSTRATIONS 095

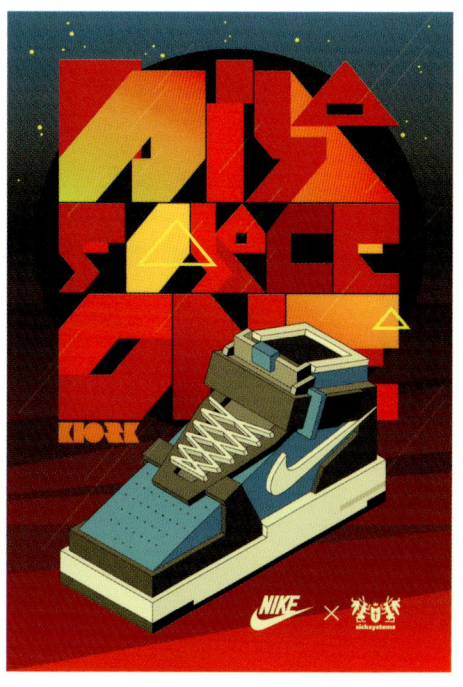

SICKSYSTEMS
RUSSIA

‹ 为莫斯科一家新开的耐克店Sick Systems创作的一系列矢量图形的海报、传单和雕塑，最后出现在与街头文化相关的博客和全球网站上。

造你自己的矢量图库是保证你设计作品创性的绝好方式。你可以自由掌控，从的样式到色彩的选用，你都可以随时更。甚至有可能（在客户允许的情况下）过一些网站出售你的矢量插图，例如tockphoto。

你可以购买矢量图素材，也可以自己创建，关键是你需要明确如何能最好地利用你的时间。客户会认同为了设计的原创性而花费时间并表示感谢呢，还是更倾向于直接线上购买素材？

你可以花一整天创建原创的矢量图形，也可以选择只用一小时的时间在网上找到类似的素材，两者各有利弊。想清楚——冒险将创意概念押宝在一张人人都能获得的图片上值不值？第三种选择就是"混搭"，在现成的素材的基础上创造自己的原创作品。

创建一个矢量图库可以为你的长期客户服务提供所需的图片，每周或每月都创建一幅新的矢量图，或使用包含多种图片模式的multisection report管理图片。

THE HOUSE LONDON
UK

‹ 本着非营利性的宗旨，所需费用被控制在了最低的限度。所有的设计和润色修改都是免费的，设计师创作的矢量图要求可以被用于从海报到网页的各个方面。

CASE STUDY: TRAFFIC

案例分析
交易

为实现成本削减并向客户提供可长期使用的宣传材料,格拉斯哥(英国城市)的交通设计咨询公司在设计单一宣传册之前,先创建了大量的男女矢量插图。

H4U(为了你的健康)是由(英国)国民医疗服务机构集资创建的位于格拉斯哥(英国城市)的青年保健组织,需要发布大量的吸引10—19岁的青少年积极阅读又不会造成尴尬的信息资料。基于有限的预算,客户需要传单、伸缩展架、促销赠品和网站等多种宣传形式。

经过与当地青少年俱乐部的多次会谈,交通设计咨询公司发现最受年轻人青睐的是色彩鲜明的矢量图形,从而决定设计大量杰出的男女矢量图形,可适用于后续的各种题材的宣传内容。资深设计师戈登·贝弗里奇用Adobe Illustrator软件设计了所有的人物形象。所有被选用的图形都是先经过了青少年督导小组(青年群体的代表)的认可,数据显示这次宣传战役获得了巨大的成功——大多数的本地青少年都认识了H4U。

TRAFFIC DESIGN CONSULTANTS
UK

CREATING VECTOR ILLUSTRATIONS 097

理查德病患儿慈善机构的主旨是帮助患绝症的孩子和家庭。他们创建的"办公室游戏"的目的是将办公与运动结合起来，开发一套独特的比赛项目，包括：掷软盘、办公椅接力赛和即时贴拼贴赛等。设计者选择了用矢量线形回应主题。简易的回形针成为形象识别的核心，被设计成一个形似跑道的标识和象征每个比赛项目的图形。大胆地运用红色实现视觉冲击力，单色印制海报、T恤衫和立牌广告都确保了低成本支出。

THE PARTNERS
UK

BUYING VECTOR ILLUSTRATIONS
矢量插图的购买

▼ 这张海报通过使用扫描、预置图片和免费字体制作完成，尺寸大小正好可以用爱普生大幅面打印机一次输出两张。

购买矢量图可以节省许多设计时间，还可以在原图基础上再继续你的创作。

这一过程像是从贴图艺术到更广泛多元的艺术形式的拓展。免费或廉价的矢量图形随处可得，一些网站提供免费下载，一些只需要小额支付，还有一些则是要求设计师在下载的同时也上传自己的作品以补充。在下载前，不论是免费还是需要缴费，都一定要查看所有的条款说明。

下面是一些值得一看的网站名单，当然不止如此！

www.123freevectors.com
www.coolvectors.com
www.createsk8.com
www.dezignus.com
www.flavafx.com
www.freevectors.net
www.istockphoto.com
www.keepdesigning.com
www.qvectors.com
www.vecteezy.com
www.vector4free.com
www.vectorart.org
www.vector-art.blogspot.com
www.vectorjungle.com
www.vectorportal.com
www.vectorvalley.com
www.vectorvault.com
www.vectorwallpapers.net
www.veeqi.com
www.vintagevectors.com

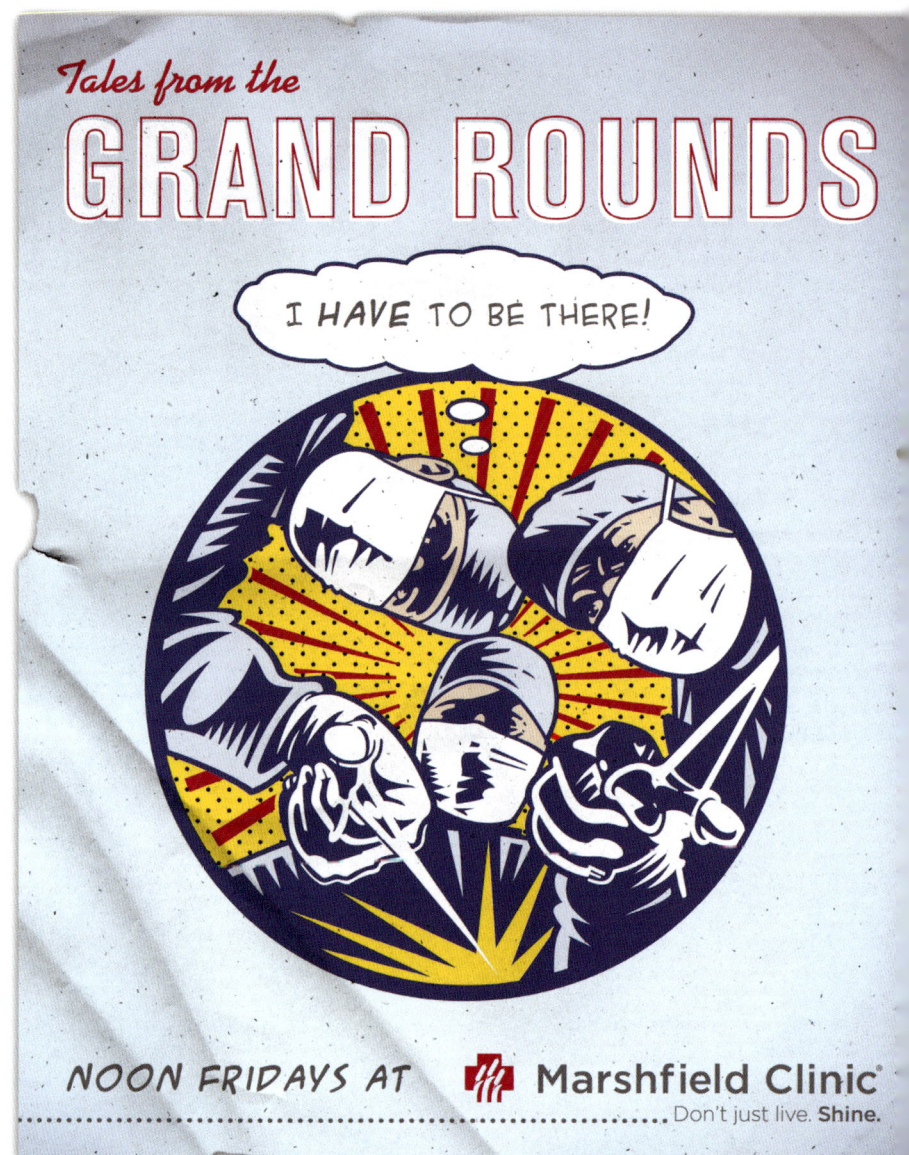

ERIK BORRESON
USA

BUYING VECTOR ILLUSTRATIONS 099

TRAFFIC DESIGN CONSULTANTS
JK

设计公司需要获得可以高速下载的高精度矢量图,并且可以对其结构和色彩进行修改,且能与客户提供的照片兼容。在www.istockphoto.com上找到了合适的图片,下载费用也很低。客户对宣传册很满意。

NOTE
注意

为世界领先的产品在全国范围内做宣传活动时,选用免费下载的图片是十分不明智的。

ORDON BEVERIDGE
K

这张海报为现场音乐会The Twisted Wheel所作,使用简单的平涂色彩结合手绘字体和免费的矢量图片。

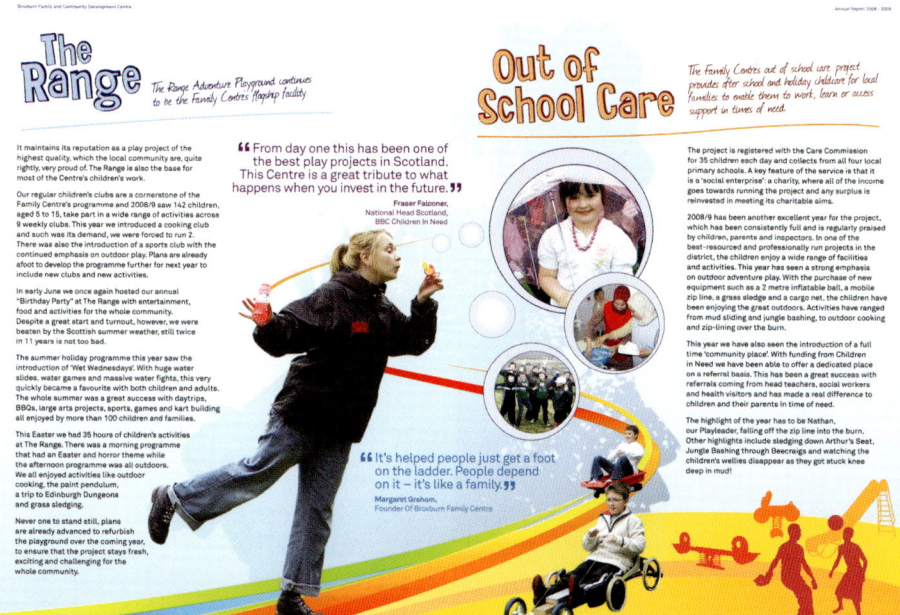

TRADITIONAL ILLUSTRATION
传统插画

"传统插画"涵盖了所有非计算机生成的绘画形式。和素描、油画、摄影、浮雕或其他艺术作品一样,插画仅是一种视觉表象,强调内容大于形式。

插画的作用在于扩展文字语言的感染力,给予观者感性的启发,富有趣味性和形式感。

插画设计兴盛于上世纪70年代和80年代,那时几乎所有的设计公司都备有大量的自由插画师或雇佣专职插画师。到了上世纪90年代,传统插画师发觉自己受到了使用计算机软件(诸如Adobe公司的Illustrator和Photoshop)创作的插画师的挑战。设计师们发现通过计算机软件,极大地增强了自己绘制表现的能力,不仅加快了整个工作进程而且减少了客户的费用,自然推动了对计算机的使用。

▶ Parcel设计工作室为Allseating的新款椅子发布所做的宣传设计,聚焦于椅子设计背后的故事。通过使用设计团队的设计稿而最大限度地降低了对昂贵的摄影作品的依赖,通过在自己的工作室里自行拍摄产品照片也节省了一大笔费用。

▼ 德国社会民主党的政治青年杂志印制了十万份在各院校派发。双色印刷,没有用昂贵的照片,BASICS09工作室邀请插画师罗纳德·布鲁克内Roland Bruckner创作了图案风格的插画。

BASICS09
GERMANY

PARCEL DESIGN
CANADA

TRADITIONAL ILLUSTRATION 101

今天，许多插画的学习者都在探索自己的创作方式，越发注重传统技术和数字技术的结合。他们模糊了艺术与商业设计的界限，插图设计中结合了图形、印刷和摄影等多种元素。现在的专业插画师比过去少了，当设计师们自己没法创作出需要的插图时，他们会提前预约并重金聘请专业的插画师，这些插画师往往都有排得很满的"档期"。在运用数字技术和传统技巧方面，合格的插画师们都有自己的绝活。在设计产业里总是需要熟练的插画师，为什么你不去试试？毕竟，你是有创造力的。

只要你还记得如何画，就去买一支铅笔和一本画图本开始你的工作。或者到附近的美术用品商店买一块雕琢板或是漆布，试着做做版画。当然，随后你可以将其扫描进你的电脑进行特效处理。

◂ Lundgren+Lindqvist在几乎没有预算的情况下为一个新年派对设计大幅的海报，他们决定用图片来描绘一整年，选用的方法就是手绘了114个筛选出的创意图形。用双色印刷进一步降低了印刷成本。

CASE STUDY: 344
案例分析 344

Stefan G. Bucher是位于美国洛杉矶的344设计工作室的负责人，也是怪物系列的创作者。

怪物形象是设计师兼插图师布赫使用极少的预算，在自己家里创作完成的。他在廉价的纸上用廉价的油墨绘制，然后用廉价的相机连续拍摄。随着布赫的插图创作的不断成功，他决定创作一本商业书——怪物的一百天，他还发布了一个风靡全球的日日怪物网站。

344
USA

TRADITIONAL ILLUSTRATION 103

CITYABYSS
POLAND

▼ 这是为OFFF（一个国际后数字化创意节）设计的作品，灵感来自于创意节的主题：不是飞翔，而是追随时尚。设计者将摄影、版式和手绘插图集合于设计作品中。

104 SOURCING

DIGITAL ILLUSTRATION
数码插画

▾ Decode杂志是由设计师加百利·所罗门创办的独立艺术杂志，该杂志所刊登的很多数码插画都来自于设计师、插画师、艺术类学生和加百利·所罗门本人的无偿创作，既保持了杂志的低成本，又保证了杂志的高品质。

许多数码艺术家的创作都会使用公共图片，或剪贴旧杂志、旧书籍、家庭相册或宝丽莱一次性成像照片，再与手绘插图等混合编排组合。这种拼贴式的创作可以很大程度节省成本，但要求设计师能够十分睿智地处理好版权限定问题。这种通过各种途径搜寻素材并做"混搭"的设计，极富有原创性。

在数码摄影普及后，摄影成为一种既经济又快捷的自我获取图片的方式。

GABRIEL SOLOMONS
UK

DIGITAL ILLUSTRATION 105

▲ 两张海报是Graphic Diversion工作室的来奥内尔·司考特制作的，所有图片均来自imagebanks网站，司考特用Adobe Illustrator在图片上描绘并添加了文字。

deviantArt

deviantART是2000年发布的一个展示用户的各类艺术创作的社群网站，已经有1100多万会员提交了一亿份作品，每天都有近十万份的新作品提交。deviantART的目的是为艺术家提供一个展示和讨论作品的平台，作品归类简洁明了，包括摄影、数码艺术、传统艺术、文学、flash动画以及电影。该网站还提供丰富的下载资源，包括图库和教程。

可下载的资源大部分是免费的，但对图片的使用权的规定则因图而异，也取决于艺术家本人的要求。有些只要求下载者拥有一个一般的信用值，有些被规定不能用于其他商业项目。图库的质量鱼龙混杂，数量庞大，但总有几率找到符合心意的图片。

应用程序资源提供了大量Illustrator和Photoshop软件的笔刷、动作和图案。但遗憾的是许多Photoshop的分层文件都精度不足，这表明在1100万的注册会员中有大量的业余爱好者。但是deviantART包含了大量的教程、插件、模板、模式、动作、纹理和笔刷，至少也算是一个制作数码插画的很有用的工具。

DIY PHOTOGRAPHY
DIY 摄影

▼ 这是日本设计师Nam的个人平面作品，创意就是使用工作室的现有道具，大到家具小到咖啡杯。家具和模特分别借助细线和道具固定造型，后期仅仅通过计算机擦拭了辅助的细线和道具。

NAM - THE GRAPHIC COLLECTIVE
JAPAN

数码摄影允许用户立时浏览，直接传输文件到计算机或电子邮件发送给同事朋友，具有可编辑性。数字技术让摄影发生了彻底变革，业余摄影师能够更好地操控相片，节省了加工费用的支出。功能强大的相机在价格上也走入了大众的承受范围。

几乎每一个设计工作室都拥有数码单反相机和一系列镜头，一架好的数码单反相机好似无价之宝。节省开支，自己动手拍摄影像。

如果你具有设计品味，就有拍摄出好照片的基础，你需要掌握的就是了解相机的每个按钮的功能和使用技巧。

并不是一定要买最好的相机，这取决于具体的要求。但常言说"一分钱一分货"，当然尽可能买你承受范围内的最好的。可以登陆相关论坛获得资讯，并到相机专卖商那里亲自看看相机的功能演示。

虽然小作坊型的工作室没法同专业公司相提并论，但你可以通过自己动手做些简单的主题从而节省大量的时间和金钱。创造一个自己的灯箱，在房间的一角用白色背景布搭建一个迷你摄影棚，置办些照明灯，还有三脚架——数码相机可是不允许抖动的。尝试和犯错是通往成功的基石，动手去做，你会收获惊喜。

波特·诺威利精彩演示了DIY摄影的创作享受，以家用物品的包装盒为创造素材的照片，成为英国再生资源回收有限公司宣传册的完美封面和内页插图。

TIP

小贴士

购买数码单反相机用于设计工作时，有必要购买一款日常使用的优质的定焦镜头。通常情况下，它们的成像质量更好，同时比同等的标准变焦镜头更轻、更小、更便宜。定焦镜头的光圈也相对较大，所以在光源受限的情况下能拍摄出更好的效果。设计师需要配备的另一个武器是一个能微距拍摄的微距镜头，特别是当你需要翻拍自己的平面印刷设计作品用于电子作品集或网站时。微距镜头可以放大到让你看到纸张纤维或锡箔上的压花，大多数微距镜头的焦距变化值非常广，兼有一般镜头的用途。

PORTER NOVELLI
UK

CASE STUDY: EXPOSURE BY DESIGN
案例研究（设计曝光）工作室

这是ebd（设计曝光）工作室为一个新成立的美容院而做的宣传设计，预算非常少，工作室独立完成的拍摄照片反映了美容院时尚前卫的品味，而不是对其美容护理服务的宣传。

ebd工作室设计了六个核心品牌形象，并承揽了所有的拍摄工作。受时间（一天）和地点的限定（工作室内），呈现的画面必须简单、自由且易于拍摄。ebd工作室同时帮助创建了店内和网站的视觉体验。

EBD (EXPOSURE BY DESIGN)
NEW ZEALAND

DIY PHOTOGRAPHY 109

TIP

小贴士

单反数码相机呼吁摄影的狂热爱好者多拍为善。高品质的镜头是获得高质量照片的不可或缺的要素，要确保你的预算既能购买镜头又能购买机身。

◄ Rines是伦敦有名的非法广播电台之一，
▼ 当Give Up Art工作室为其完成品牌重塑后，需要同时为新发行的CD进行包装。为了降低成本，Give Up Art工作室为每个DJ拍摄了个人照片，以三或四人为一组同时拍摄，拍摄地就是电台的办公室或DJ们的工作俱乐部。节省的成本用于支持每一张CD都具有唯一的独特封面。

GIVE UP ART
UK

110 SOURCING

▷ 这张海报证明了DIY摄影的魅力,绝对是一张精品力作。

◁ 为CCW所做的宣传册需要能够展示旗下的三个组成院校:坎伯韦尔艺术学院、切尔西艺术与设计学院和温布尔登艺术学院。每个学院都挑选了10名学生,根据提供的设计概要和10个单词获得的启发,用傻瓜相机为宣传册拍摄素材照片。

NAM – THE GRAPHIC COLLECTIVE
JAPAN

THIS IS STUDIO
UK

STEFANO MACCARELLI
ITALY

TIP

小贴士

专业数码单反相机和便宜的相似相机之间的差异就在于他们的构造质量。专业数码单反相机可以适应户外拍摄时的多种恶劣条件,当然价格也很高。想清楚自己是否真的需要一架昂贵的专业相机的所有功能。

▷ 宣传安全驾驶的设计提案,包含海报和传单设计。预算很有限,设计师选择以自己的车为道具,自己的朋友为模特拍摄照片。通过三维建模创建机器人的手,在Photoshop里合成。

CASE STUDY: TRAFFIC

案例分析 买卖

苏格兰艺术家联盟（SAU）是一个小型的、鲜为人知的非营利组织，拥有100名成员，但很有干劲，希望在半年内实现成员人数翻两番。

Traffic Design咨询公司将所有的作品据实估价。大量的资料需要整合，却没有资金支持，Traffic Design的创意总监斯科特·维瑟姆花了一整天的时间和苏格兰艺术家联盟的成员一起拍摄他们的作品、工作室和他们自己。然后用来建立了一个图集，包括各种新文学、海报和宣传资料。通过在半年内发布这些新的宣传资料，他实现了预定的目标。

STUDIO PHOTOGRAPHY
摄影工作室

如果你已经拥有或者即将拥有一架优质的数码单反相机,尽可能实现物尽其用。为自己的设计拍摄素材或为自己的设计产品拍摄照片,可以节省一大笔钱。

可能是为了更新你的网站而拍摄一本小册子,或是为了客户拍摄些小型的商业产品。当然你也可以向客户收取费用,但我们建议事先明确告诉客户你将自己完成拍摄,费用只需是聘请专业摄影团队的一半。这样,你既能从中获利又能自主掌控拍摄,你的客户也能因此节省了预算。如果你只是要拍摄用于低分辨率的网页或是产品小册子的产品照片,那么家庭办公型的影棚是最好的选择;但如果你拍摄的照片是要用于高成本的全国性广告宣传的话,那么我们建议还是交由专业团队处理。

首要的,你需要一架数码单反相机,一个三脚架,一个标准的"万能"镜头以及一个可以拍特写的微距镜头。尝试用白色或者灰色背景开始拍摄,尽量实现背景的完美融合。用版框架子能够支撑起大幅面的便宜的背景纸。简单的夹子就可起到固定纸张并使其垂落到地面。开始时不要搞得太复杂,就选择简单的黑白灰背景。保证布光的简易性和多功能性。

摄影师会推荐频闪在150瓦每秒或是更高的独立闪光灯。对于较大的被摄物,我们建议为独立闪光灯配置一个小的柔光罩,这将柔化光线从而创造和谐的光环境。你可以使用同步线将相机连接到独立闪光灯上,或者是用无线闪光控制。对非常小的拍摄物我们建议直接在桌面上搭建一个迷你影棚,将被摄物置于其内,你甚至还可以自制柔光罩。

请记住,你可以适时地添加灯光,附加的灯光可以通过定位与角度的设置彼此消减强烈的阴影。

把你的迷你影棚设立在远离门以及事故多发的地点——你也不想有人被连接线绊倒而把一切都毁了吧。会议室的小角落会是个不错的地方。设置在窗口的话你就可以利用到自然光。为了防止产生阴影,被摄物至少要被放置在离背景半米(20英寸)左右的位置,你的相机和柔光罩也要与被摄物保持这样的距离。

多多试拍并且调整你的光圈到最佳设置。如果你对相机的设置并不那么熟悉,可以选择使用自动档;如果你很专业,可以通过手持测光表测光以实现最佳设置。为了追求速度和精准,你可以将相机直接连接到计算机或者笔记本电脑上。每张照片都可以迅速地在浏览器中显示,你可以马上进行校色和储存到硬盘,就无需记忆卡了。

大多数设计师会再通过Adobe Photoshop做后期工作,其实可以通过相机附带的软件设置联机拍摄模式,直接使用Adobe Lightroom和Aperture程序软件同步完成。大部分相机都符合图片传输协议标准,可以通过USB或火线(连接用于向高带宽的数字设备[如数码摄像机]传输数据)连接到电脑,当然还是要确认自己相机的实际设置。

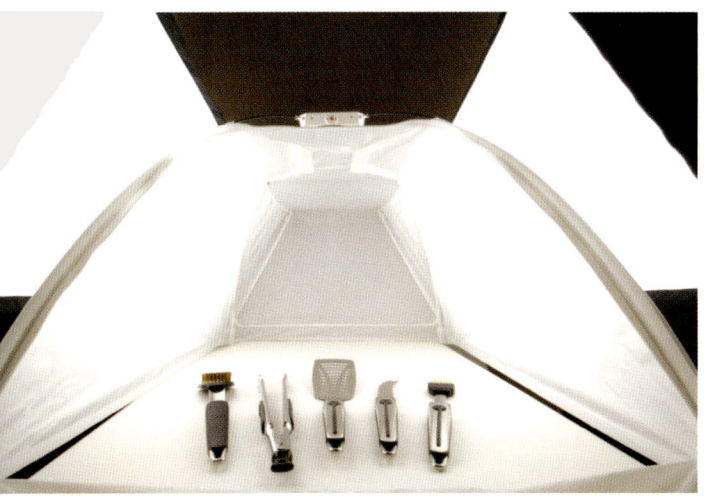

These are the four basic steps for in-house photography:

以下是室内棚拍的四个基本步骤:

1. 确保你的迷你影棚或柔光罩可便携移动。你不可能一直把它放置在办公室或家里,总要把它收纳某处,确保其完好无损。

2. 不要拍摄体积相对过大的对象,结果会不太好并且客户也会觉得失望。重视可行性,从小的拍摄物做起。大多数客户会为此制作产品的微缩版,但对于大件的对象如家具、车或是人物,我们建议还是交由专业团队拍摄。

3. 灯光几乎和相机同等重要。如果灯光运用得当,即使是一般的相机也能拍出令人惊喜的作品。

4. 从一开始就做好拍摄记录——特别是精彩的拍摄数据。记录下被摄物与背景之间的距离、灯光的位置及数量、焦距光圈和使用的快门速度等。当你此后再拍摄类似相片的时候,这些信息将会是非常宝贵的。

˄ 一个好的定焦镜头是必需的;柔
˂ 光罩对任何一种室内棚拍也是必备的。

ROYALTY-FREE PHOTOGRAPHY 免版税照片

NAIMA ALMEIDA
BRAZIL

随着近些年高精度图片的贬值和易于下载，免版税图片被大量用于设计中。

在很多年前，要获得一幅图库照片既费钱又费劲。你常常不得不支付附加费，诸如客户提出要重印或你因为要获得其中的一幅图片而不得不购买一套等。随着宽带时代的到来，下载高分辨率的照片成为可能，一切都变得更好了。

一些照片是可以免费下载的，而另一些需要你购买（在限定的时间内）使用。无论哪种方式，下载和使用照片时查看清楚网站的条款和使用权限都是非常重要的。对于免费的东西得多留心一些，对每个下载的条款都要查看仔细。

图库照片的缺点是没有专属性——也许它早已被使用过几百次了。

对提供免费下载照片的网站如www.flickr.com，在下载每一张照片时都要看清楚版权许可。有些摄影师是不授予版权许可的，有些则会要求出版费。

▲ 这一唱片设计中，CD光盘被印制在SMD（半金属磁盘）上，这是一种能节省80%制作成本的新媒介。封面设计集合使用了免版税照片、旧工作室照片和乐队自身的照片。字体摘录于一本老的产品目录，经扫描后再重新组合成文字。

ROYALTY-FREE PHOTOGRAPHY

Online image libraries
在线图库

www.123rf.com
www.acclaimimages.com
www.alamy.com
www.bigstockphoto.com
www.canstockphoto.com
www.cepolina.com
www.corbis.com
www.crestock.com
www.dreamstime.com
www.easystockphotos.com
www.en.fotolia.com
www.everystockphoto.com
www.fotosearch.co.uk
www.freedigitalphotos.net
www.freefoto.com
www.freeimages.co.uk
www.freemediagoo.com
www.freephotosbank.com
www.freepixels.com
www.freerangestock.com
www.freestockphotos.com
www.gettyimages.com
www.imageafter.com
www.inmagine.com
www.istockphoto.com
www.jupiterimages.co.uk
www.morguefile.com
www.openphoto.net
www.photogen.com
www.photorack.net
www.photos.com
www.photospin.com
www.pixmac.com
www.public-domain-photos.com
www.punchstock.co.uk
www.shutterstock.com
www.stockphotoasia.com
www.stockvault.net
www.stockxpert.com
www.sxc.hu
www.texturewarehouse.com
www.unprofound.com

▼ 海报中的所有图片都是从廉价的图库下载而来，在Adobe Photoshop中集合重组，手动裁剪，自行完成。

GRAPHIC DIVERSION
BELGIUM

116 SOURCING

CASE STUDY: SOCIO DESIGN
案例研究　SOCIO设计

全球房地产投资公司7大洲投资（7CI）委托SICIO设计公司设计一本小册子以宣传他们的服务。

小册子使用了下载的免费全景照片跨页设计，照片被数字化强调处理以凸显公司的活力特性。印制在无涂层的纸质上，结合光胶印线和高端的品牌形象展示图片。强烈的色彩、漂亮的排版和精准的图片，SOCIO设计了一本成功有效的小册子。

SOCIO DESIGN
UK

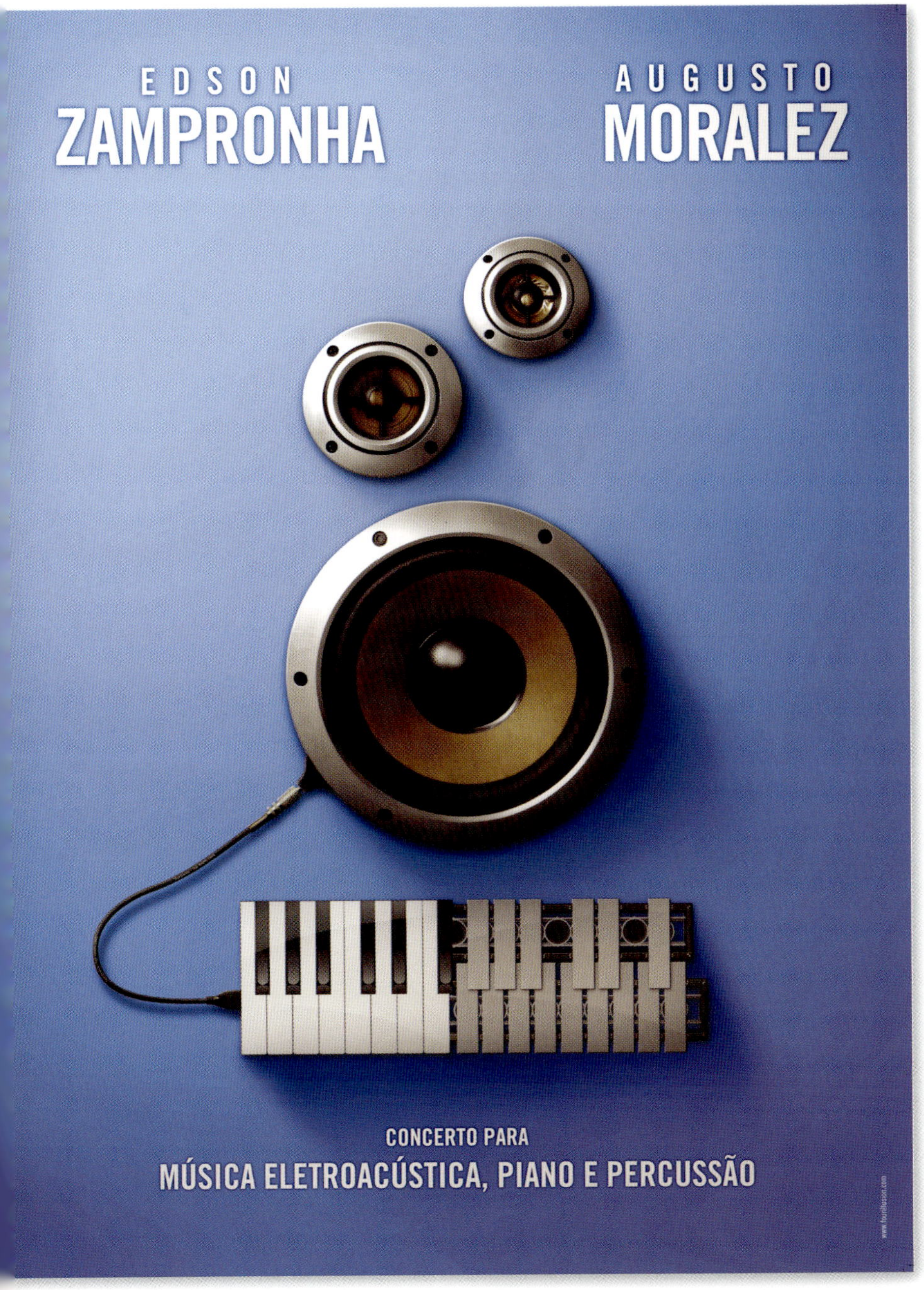

FLÁVIO HOBO
PORTUGAL

里斯本的设计师弗拉维·奥霍伯为一个电子打击乐的音乐会设计的海报。为了降低成本，奥霍伯只购买了一幅免版税的照片，在Photoshop中设计合成为扬声器的形象。奥霍伯聘请了一个摄影师拍摄需要的琴键图片——因为这不是普通的乐器，在图库里也找不到合适的照片。通常，使用免费照片的最好方式是将其与自己的创作图片相结合。

这个项目包含了传单和海报设计。图片来自于免费的“木星图库”，在Photoshop中做了调整处理。

ERIK BORRESON
USA

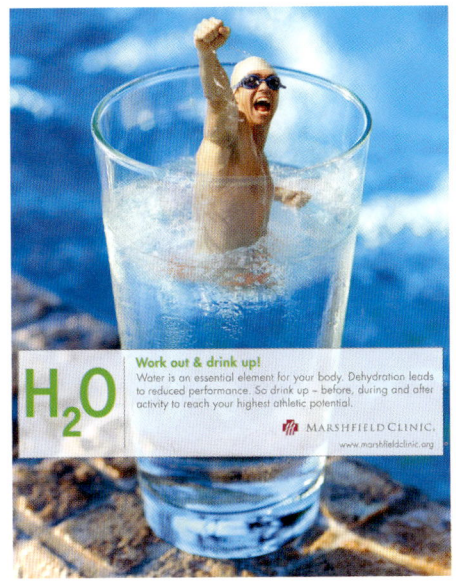

> Traffic设计咨询公司和好友兼合作人马丁·罗伯逊近期一起致力于罗伯逊新投资的一家数字影视制作公司的品牌识别创立，Traffic受委托设计宣传册。通过密切合作，并在达成共识的基础上，Traffic下载了大量的免费图片集合罗伯逊提供的照片一起创造了一系列艺术化的摄影蒙太奇。这些设计贯穿了宣传册和网站，大大节省了时间和资金。

TRAFFIC DESIGN CONSULTANTS
UK

ROYALTY-FREE PHOTOGRAPHY 119

POULIN + MORRIS
USA

▲ 图库的照片可以被用于很多不同的形式。Poulin + Morris设计工作室在本书的封面设计中将不同的图片层叠，从而获得了理想的效果。

GRAPHIC DIVERSION
BELGIUM

◀ 为了节省成本，莱昂内尔·司考特从www.stockxpert.com网站上购买所需的图片。只需很少的缴费，他就可以每天下载25幅精良的图片。

由PARAGON市场推广部设计的口袋年历以影像插图为特色，表现了公司的形象。PARAGON使用了图库图片并将所有的图片套印在整张纸面上，再统一裁切，这比单独印制要便宜好多。

PARAGON MARKETING COMMUNICATIONS
KUWAIT

东京的Sunday Project工作室为免费的平面设计杂志Sketch做的创意设计。他们将下载的照片图形化，使用了不同的处理方式，包括半色调的网点等。以此降低成本就可以允许大批量的印刷，同时也保证了免费设计杂志的质朴、生动的风格。

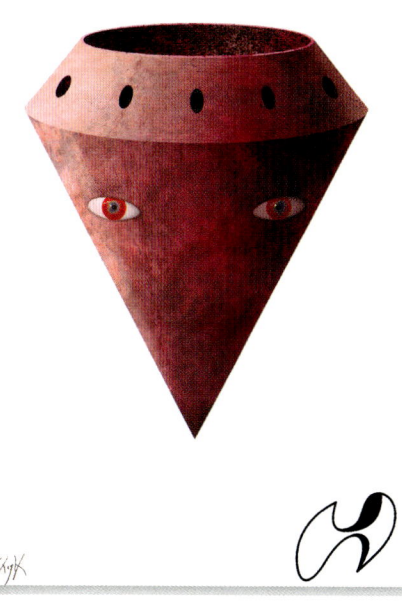

SUNDAY PROJECT
JAPAN

CLAIRE ORRELL
AUSTRALIA

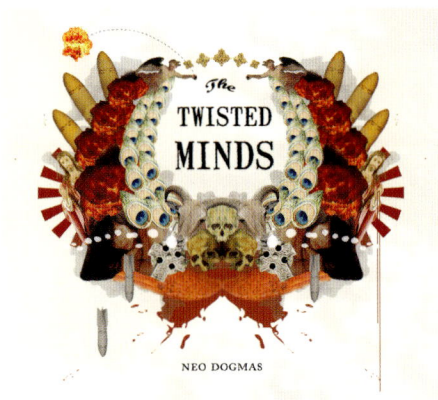

克莱尔·奥勒尔为朋克乐队"偏执狂 Twisted Minds"所做的设计。通过与乐队的会谈，奥勒尔感到照片拼贴能够最好地反映其音乐自身的无政府主义的政治情结。她下载了免费图片并与乐队自身的图片和自己拍摄的图片相混合，在Photoshop里制作完成。

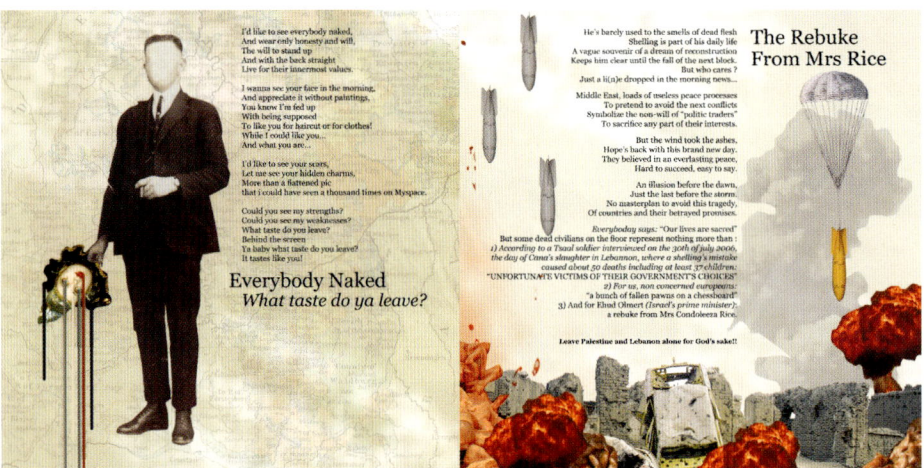

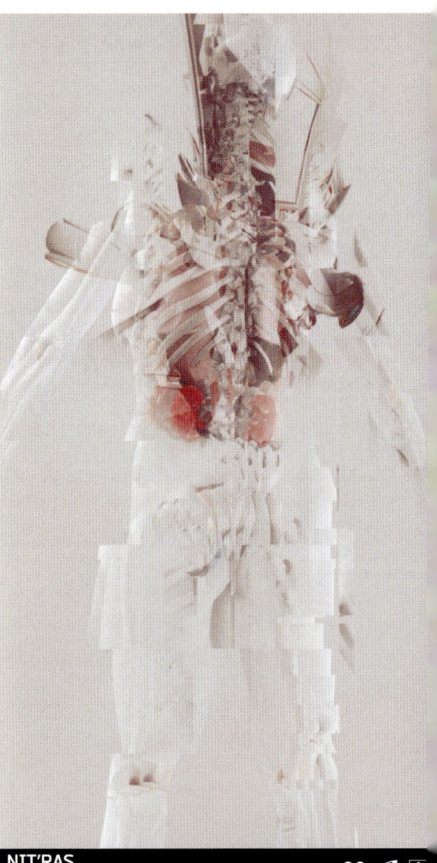

NIT'RAS
BELGIUM

皮特·艾克雷特使用一张免版税图片与自己的一张三维渲染图相叠加完成这幅海报设计

Traffic Design咨询公司为苏格兰皇家银行集团设计制作季刊远景杂志Perspectives Magazine。为保证杂志的运营，费用必须被控制在最低限度并要接受定期审查。为了快速高效，应运而生了一套网格体系，并大量依托于免版税的图库，由此也避免杂志中出现的图片被指责有盗版之嫌。画面基本是由几张不同的图片结合而成，封面常常是由20张独立的照片组合设计而成。

INSPIRATION: BLOGS&FORUMS
灵感：博客与论坛

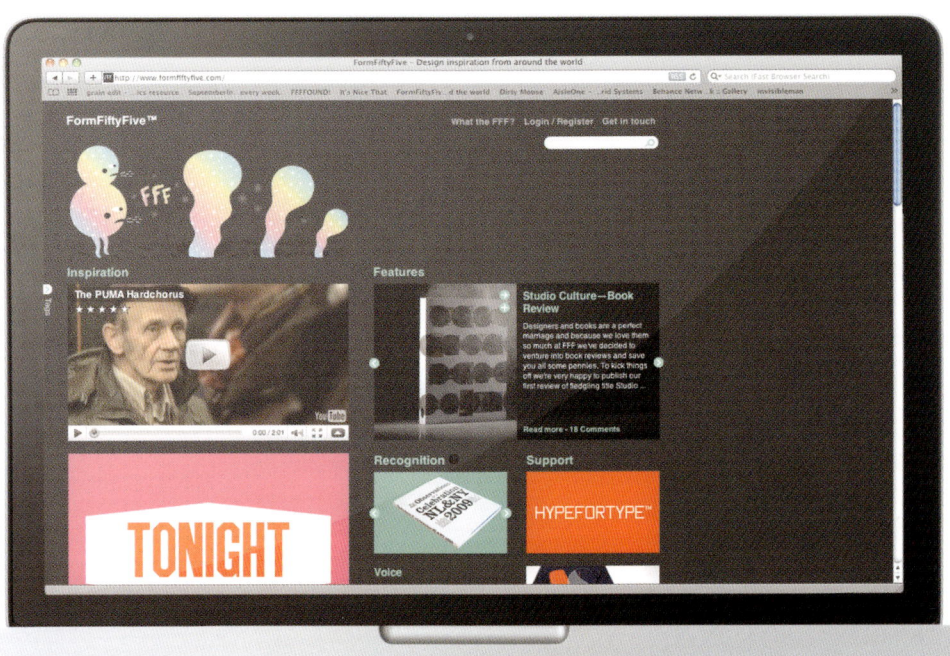

通过视觉设计沟通传达日渐盛行，博客热也日趋成风。博客（网络日志的简称）就是一个网站，通常是个人专属，可以发放文字或其他素材，如图片、音频等。

很多以设计为导向的博客会提供关于特定话题的评论或新闻，其他的成为对某个项目或事件进展的同步线上日志。一个典型的博客集合了文章、图像、友情链接、网页和与自身主题相关的媒体。访客可以留言，或者在线讨论、交流。博客基本上以文字为主，但是也有不少的博客注重艺术、视频、图形或者音乐。

博客远远不止是一个简单的在线杂志。它们是言论日益丰富自由的创造性世界的及时呈现窗口。创造性的博客给予新生代的设计者发声的平台。在这里，你可以找到最新鲜的设计语言。

▲ 博客通常是免费的，不可编辑或删减，支持最新的交谈模式并具有文本和可视化。

INSPIRATION: BLOGS & FORUMS

BLOGS / JOURNALS
博客/日志

www.acejet170.typepad.com
www.aisleone.net
www.bibliodyssey.blogspot.com
www.bitique.co.uk
www.booooooom.com
www.cpluv.com
www.designobserver.com
www.dezeen.com
www.dirtymouse.co.uk
www.fleuron.com
www.formfiftyfive.com
www.fubiz.net
www.grafikcache.com
www.grainedit.com
www.graphichug.com
www.heavyeyes.net
www.hipyoungthing.com
www.itsnicethat.com
www.manystuff.org
www.modernthought.co.uk
www.nolegacy.com
www.original-linkage.blogspot.com
www.reformrevolution.com
www.septemberindustry.co.uk
www.somuchpileup.blogspot.com
www.swisslegacy.com
www.thegridsystem.org
www.the-refined.com
www.thestrangeattractor.net
www.typojungle.net
www.welcometohr.com

COLLATED IMAGERY / INSPIRATION
图像/灵感

www.buamai.com
www.butdoesitfloat.com
www.creativeoutput.net/blog
www.dropular.net
www.ffffound.com
www.flickr.com
www.yayeveryday.com
www.ypeish.com

PACKAGE DESIGN BLOG
包装设计博客

www.lovelypackage.com
www.thedieline.com

IDENTITY BLOG
标识博客

www.underconsideration.com/brandnew

CHAPTER 4:MATERIALS &
第四章 材料和完稿

NISHING

LOOKING
GREECE

FORMS & FOLDS
结构和折页

▼ Staynice工作室将这幅海报设计得像拼板玩具般。包含了16个等大的独立图形,每一个图形都是由一个元素的叠加而衍生的独特设计。这幅海报同样具有多重用途:交叉折叠,既可作为请柬又是小游戏。

STAYNICE
THE NETHERLANDS

并非每个设计都遵从于标准的尺寸、形象或装订形式,一旦超越了一般的完稿制作,印刷成本会立马飙升。折叠跨页、展开式折页、超大纸张和交叉折叠都会增加费用。但真的一定会吗?

让印刷厂按照你的指示完整输出制作的情况下,费用一定会飙升。通常在保持原价的基础上,印刷厂可以在正常平面输出的情况下承担一般的装订与压痕工序。如果增加的成本在于印刷后续的加工,看看是否有可能自己动手来完成。独立的书护封可以后续自己加套上去吗?如果需要有粘贴标签或捆扎带,事先要确保能够手工完成。这是个耗时的活,但大批量制作可以节省很多费用。

量力而行,确定自己是否有时间手工完成诸如1000本宣传册的加工,要知道即使500本也要耗费好些时间。或者找些帮手。为了能省钱,客户会派几个劳动力帮忙吗?最好的安排就是在下班后组织一队人,点些披萨,放点音乐,共同做手工活,你会惊异于1000份的年报加工可以变成怎样的快乐享受。

重要的是要权衡好节省的资金与时间比。当然要明确一点,一件独一无二的手工制作总会具有些别样的东西,也会为你的作品添些亮色。

Proekt决定将Parad精品店的宣传册设计成系列卡片形式，从而避免装订而节省成本。由于Parad新一季的设计灵感来自太空旅行，所以Proekt也赋予这个包装以太空时代的感觉。

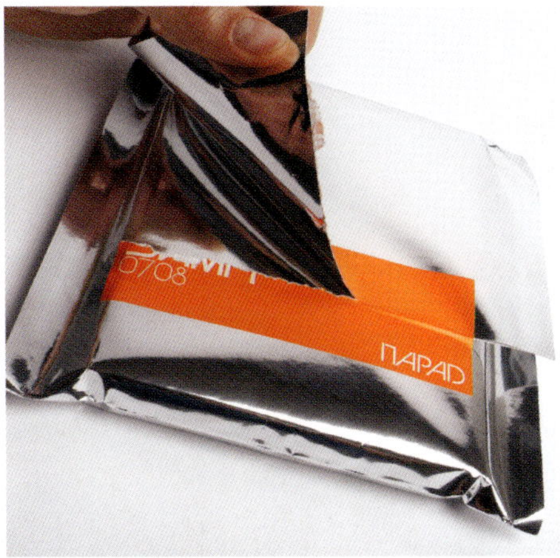

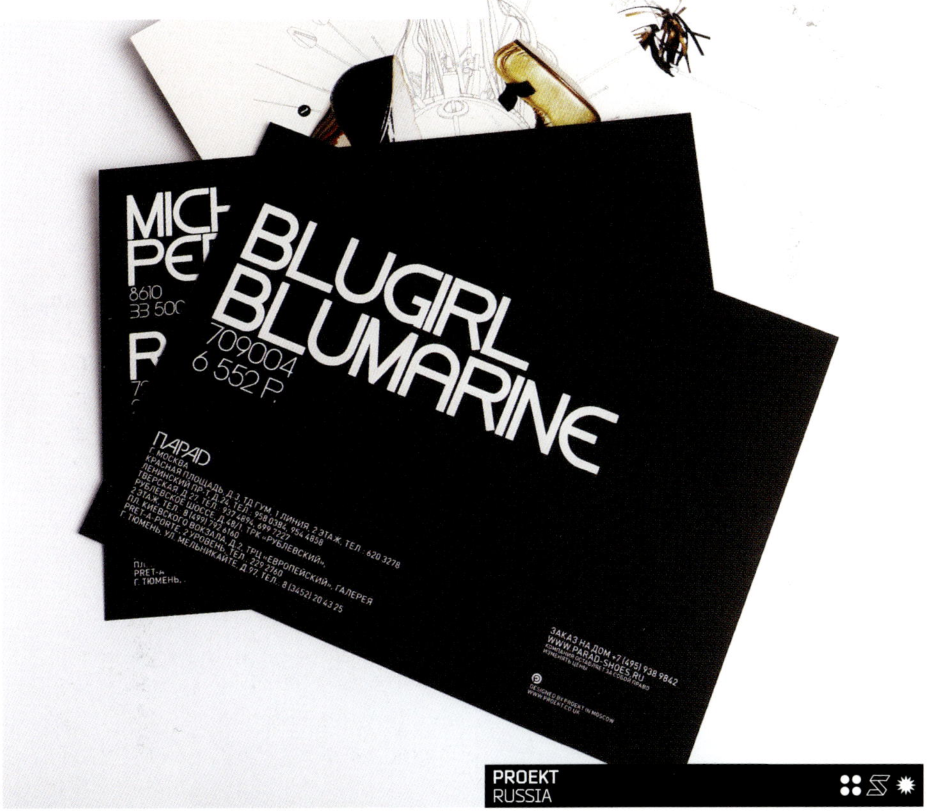

PROEKT
RUSSIA

TIP

小贴士：

许多设计工作室会给设计专业毕业生提供通常为期两周的实习机会。不要仅仅让这些学生去做一些手工活儿，让他们用一整天跟进一个设计专题的制作完成。这有助于让学生明白设计绝不仅仅只是坐在电脑面前移动鼠标，动手制作的能力和方式是必不可缺的。

C WORKS
E NETHERLANDS

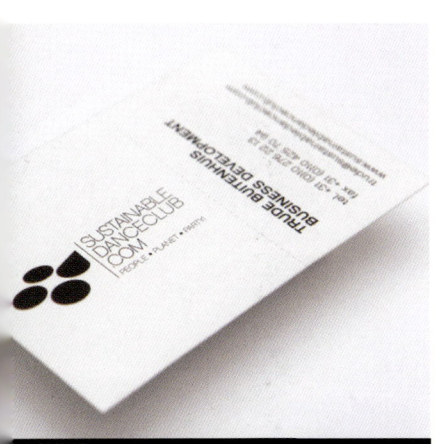

‹ 这套卡片是为致力于增强可持续性发展意识的公司而做的。通过卡片上的齿孔，你可以将它一分为二分发两次。

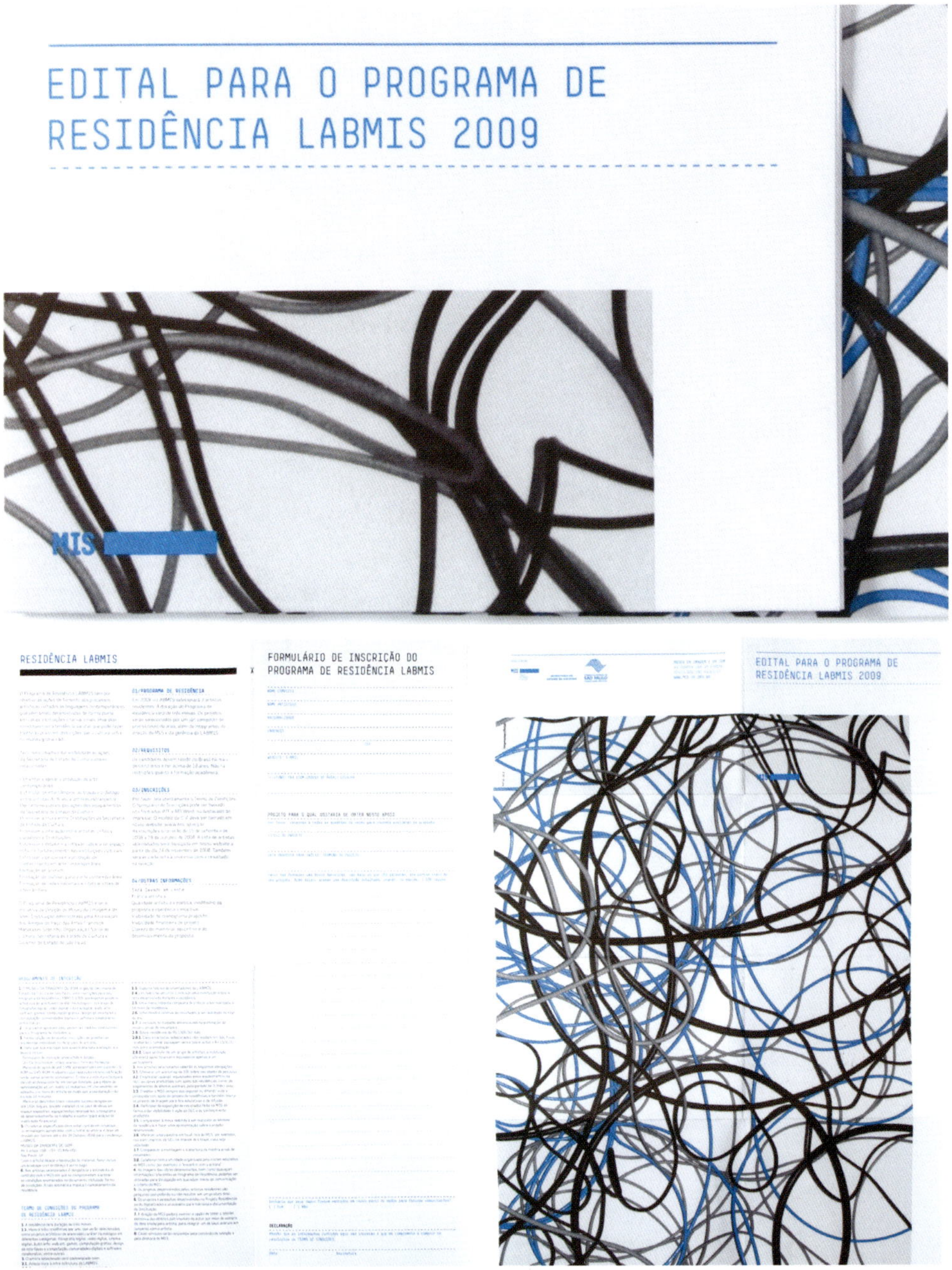

130 MATERIALS & FINISHING

PS.2 ARQUITETURA + DESIGN
BRAZIL

REMAKE
USA

▲ Remake为Teague参加在汉堡举行的航空贸易展而做的形象宣传设计。为了以最小的开支赢取最大的效应,他们设计了加长幅的单页。丝网印刷并印制了折痕,只需沿痕线折叠即可。此设计在新闻纸上以单色、大写字母进行印刷。

▲ 为圣保罗音像博物馆而做的全新的视觉识别系统。所有的印刷成品都被要求符合低成本,解决的办法是制作小型的目录、请柬和文件夹,并且大量的设计工作使用单色完成。色彩和非同寻常的摺叠工艺是平衡成本与创意的两个基础元素。

FORMS & FOLDS 131

CASE STUDY: ZYNC
案例分析 ZYNC

Zync为致力于给HIV/AIDS患者提供杰出医治服务的Casey House所做的年度宣传，主要是凸显Casey House的成功所依赖的合作关系。通过"我们在一起"的主题，让支持者的肖像充满整幅页面。

因宣传单有80.5英寸（2米）长，所以节省成本的可选余地非常窄。通过与印刷厂的密切合作，Zync设计工作室决定将传单分成三部分印刷，旁边的图表演示了操作的过程。印刷后，纸张被压痕和折叠，再送到手工装订工手里。在进入最后一道工序前，裁切线与压痕线都会被检查两次以保证精确无误，因为一旦被折叠了，装订工就很难将扭曲矫正成齐整。

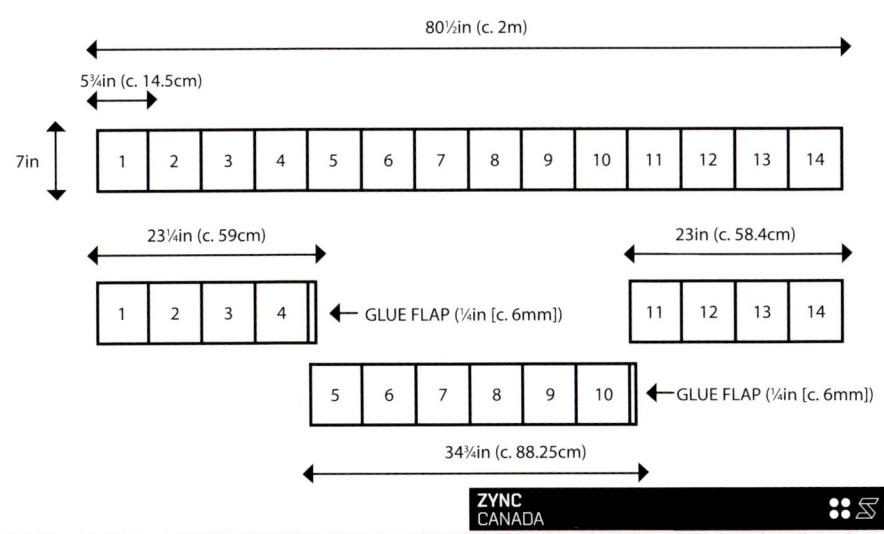

ZYNC
CANADA

132 MATERIALS & FINISHING

MAX SCHRØDER
NORWAY

为奥斯陆国立艺术学院所做的宣传设计可以折叠成两种形式：小册子和海报。通过手工折叠以降低成本。

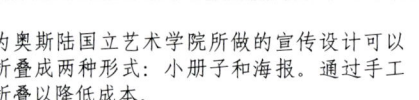

皮特·合恩海姆是斯德哥尔摩的一名音乐界摄影师。他的视觉识别设计的目的是能够帮助他确立作为一名专业的音乐界摄影师的地位，并能让他有机会进入到当代音乐会的现场。吉他拨片的形象是整体识别形象的核心元素，既作为标志又作为名片，而成本费用仅等同于制作普通的名片。

ONE SIZE FITS ALL
SWEDEN

FORMS & FOLDS 133

▼ 英国REG设计工作室为皮特·邦德所做的小
◀ 册子，为了降低成本，选择了单色印刷。文
本页被印制在一种超薄没有涂层的纸面上，
彩图页用全色印制在轻质的光面纸上。通过
独特的折叠方式，封面像信封一样包裹住内
页，避免了附加外包装的成本。

REG
UK

◀ 圣保罗的Nu设计工作室虽然用很低的成
本设计制作CD封套，却希望能突破常
规。标准的塑料CD包装非常便宜，Nu设
计工作室明白要让客户确信他们能够以
同等的成本创造出极具吸引力的设计困
难重重。最终方案是将设计信息印制在
便于印刷和裁切的300克牛皮纸上，再
与单色黑印刷、手工折叠并粘贴的独立
光盘包装袋结合，大获成功。

NU DESIGN
BRAZIL

134 MATERIALS & FINISHING

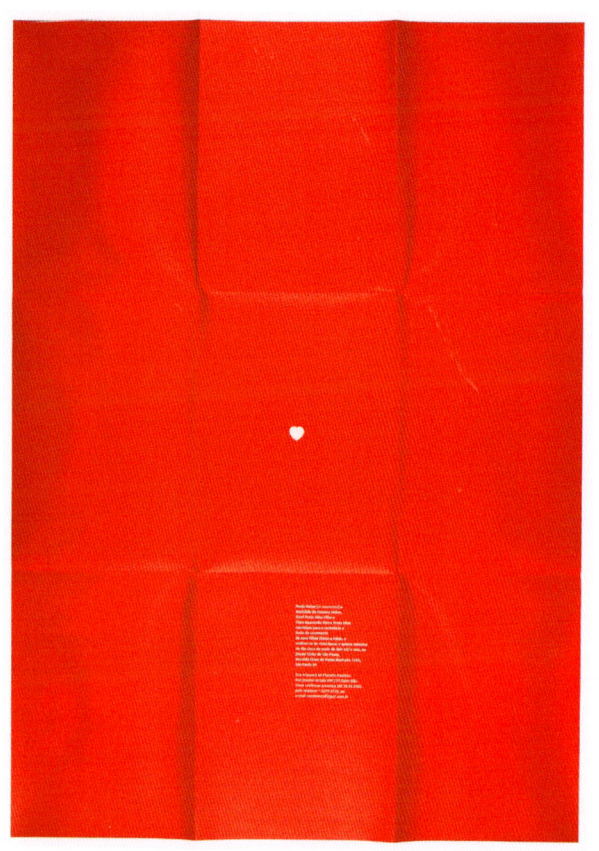

◀ ps.2 arquitetura + design设计工作室为一对设计师夫妇法比奥·普拉塔和弗拉维亚·那隆所做的婚礼请柬。工作室选择将"爱"表意为红色，通过多重折叠，起先只能看到一颗裁切的小小的红色心形，随着层层展开，最终看到完整的红色页面。通过印制在轻质、价廉且无涂层的纸上而有效降低了成本。

PS.2 ARQUITETURA + DESIGN
BRAZIL

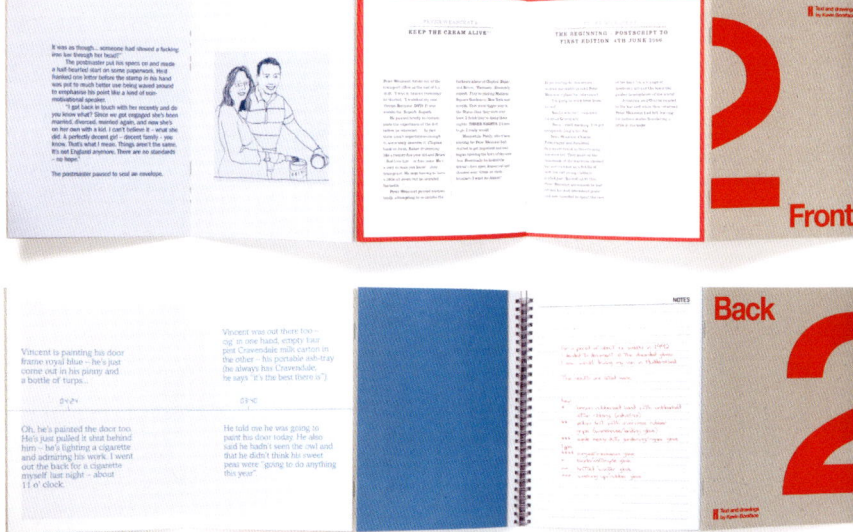

▶ 这本宣传册使用Z形折叠以展示凯文·伯尼菲斯在书中的四则小故事，通过不同的色彩来加以区别提示。

MUSIC
UK

◀ Centro是墨西哥城的一所集合影视和产品设计的设计院校，要求其视觉识别设计必须既简洁又具吸引力。Blok工作室的目的是设计一套印制在低廉的证券纸上的时尚且具吸引力的系列视觉形象，一面是海报，另一面是小册子。Blok工作室没有丢弃打印前的版式测试页，而是将它们收集起来变成后续需要的信封。这种随机性的图形特征贯穿了整个办公系统的视觉识别形象。

BLOK
BRAZIL

136 MATERIALS & FINISHING

› 这是将邀请信、目录和海报集合一体的设计。海报折叠两次变成目录,折叠三次变成邀请信——一种聪明又低碳的方法合三为一。

ALEXANDER EGGER
AUSTRIA

▼ 挪威斯塔万格的2325俱乐部的免费宣传样品,单件的印刷品既是海报又是CD唱片的封套包装。

AL DENTE
NORWAY

FORMS & FOLDS

ALOOF
UK

这是一个小型面包房的品牌重新定位和再设计，目的是提升其在全国的竞争力。包装设计的创新点是有一个展示产品的"窗口"，在当地制作，将印刷与制作工序都降到了最低限，拒绝胶粘，使用100%可回收的环保材料。

这个促销邮寄广告展开是一张小尺寸的海报，单张裁切，添加部分具有相对的独立性。黑色插图和其他三种潘通专色创建了一个有趣的色彩模板，总共印制了500份，全都有艺术家的亲笔签名。

SIX
UK

138 MATERIALS & FINISHING

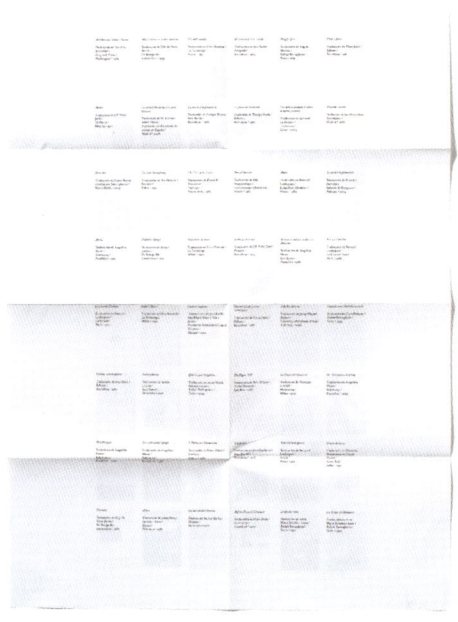

STUDIO ASTRID STAVRO
SPAIN

◀ 这本目录册用于西班牙加泰罗尼亚语
小说家梅尔切·罗德瑞德的国际作品
展,Astrid Stavro工作室设计了折叠的
形式以避免高额的装订费。目录册被设
计成11张系列明信片,代表了不同的语
言版本。

BIZ-R
UK

◀ 在这一设计案例中,biz-R设计工作室最
大化实现了纸面利用率从而降低了印刷
成本,节省的印刷费用用于腰封的设计
制作。综合使用了可回收的纸、丝织品
和无涂层材质。

FORMS & FOLDS 139

主题很简单:"没有可利用的预算,成就你自己的艺术节",THIS IS工作室只能利用墙纸创建DIY的风格形式。他们创设节目单、建立网站并丝网印海报,所有的折叠卷绕都通过手工完成以控制花费。

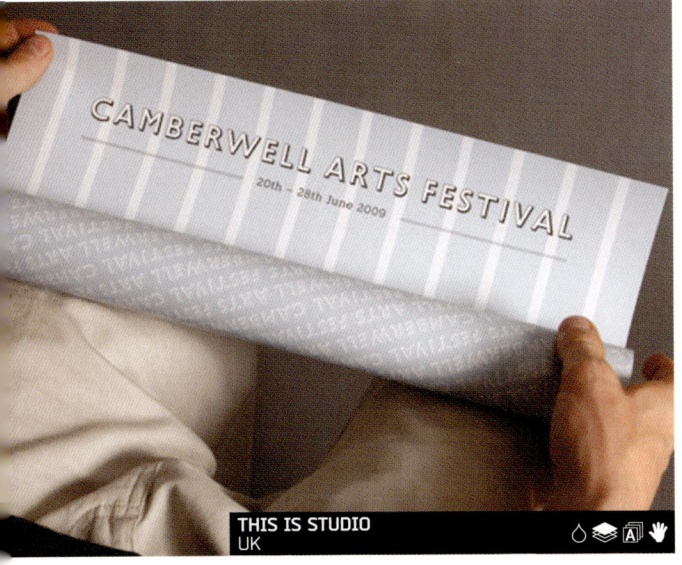
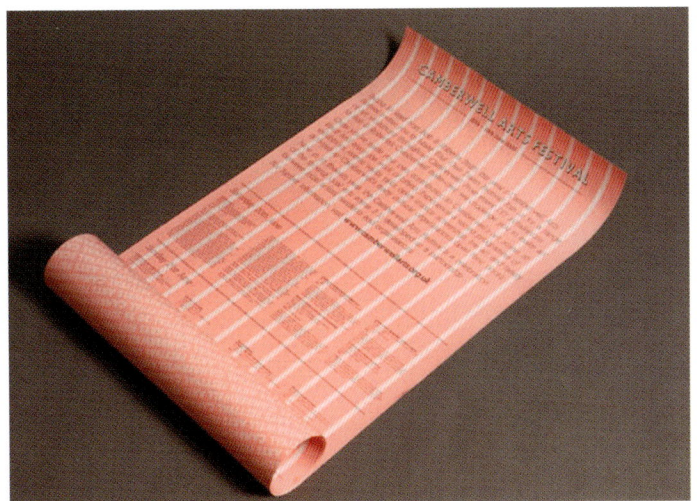

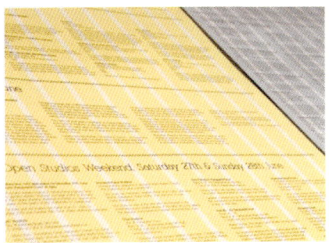

THIS IS STUDIO
UK

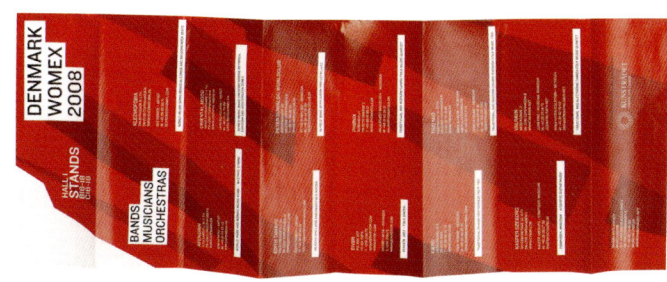

KVORNING DESIGN & KOMMUNIKATION
DENMARK

2008年世界音乐博览会在丹麦举行,要求发布一个当地参展商名录的小册子。为了降低印刷费用,Kvorning设计工作室将小册子设计成海报的形式,可以被很轻松地卷起来。

PAPER STOCKS
纸材质

▼ 这些海报都是印制在无涂层的新闻纸上的双色调图像。上面一张套印了红色，下面一张用了金属箔压印。

纸张选择对你的印刷设计至关重要，不仅关乎花费也关乎呈现的视觉效果。

这绝对是一个挑战，因为要做全盘的考量。例如，着墨力、纸张重量、完整度，当然还有费用因素。不同的纸可以在印刷时呈现出不同的色调，即使同样一幅作品，在不同的纸张上都会呈现出不同的视感和质感。油墨会附着在有涂层的纸面（丝面、光面和毛面）之上，但却会渗透到无涂层的纸质中，从而降低色调的鲜艳度。现今市面上有大量的纸可供选择，做些了解是非常有必要的，可以帮助你针对预算做出最佳的决定。下面是一些最常见的纸质列表及各自的优缺点。

Gloss-Coated
铜版纸

铜版纸通常是在原纸的表面上均匀地刷抹了瓷土等调和成的涂料，从而具有一种反光的光滑纸质。铜版纸的一个优点是具有对油墨的高还原力，特别适合于对插图和摄影作品的再现，可以让色彩熠熠生辉。另外，在铜版纸上油墨附着快、干燥快、不易脱色。尽管如此，铜版纸也存在缺点：不耐折叠，折后有痕，并因高反光度而产生斑点。

TIP

小贴士

多向印刷厂商和纸张供应商请教，他们对材质、重量、油墨附着力及其他的附件因素等都了如指掌。他们会不吝赐教，帮助你获得高性价比的解决方案。如实告知你的预算和你的期望值，充分利用他们的专业知识为你服务。

Silk-Coated
丝绸铜版纸

丝绸铜版纸是介于无涂层纸和铜版纸之间的折中产物。丝绸质地不像铜版纸那么反光，又不像哑粉纸那么具肌理感。虽仍然对油墨有很好的再现力，但色彩不会像在铜版纸上那么耀目，油墨也不如在铜版纸上那样快干，因而需要涂光油保护层，这就稍稍增加了印刷费用。

Matte-Coated
哑粉纸

哑粉纸也具有瓷土涂层，呈现出光滑但有细微肌理的表面，没有纸面反光。虽然并不能像铜版纸一样完美还原色彩，但却别有一种印刷感。因油墨干燥的时间更长，所以需要更昂贵的光油涂层以避免脱色。

SUBTITLE
ITALY

PAPER STOCKS 141

这份年报印在大幅面的新闻纸上，具有宽幅的视觉效果和冲击力。优势明显：再回收的新闻纸迎合了客户的价值观，为内容的展示提供了充分的空间，且印刷相对便宜。

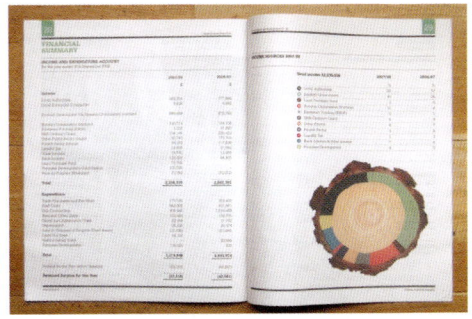

THE BIG PICTURE
UK

这是曼彻斯特艺术学校的学位秀的请柬，印在半透明的纸上，可以从反面看到印影。

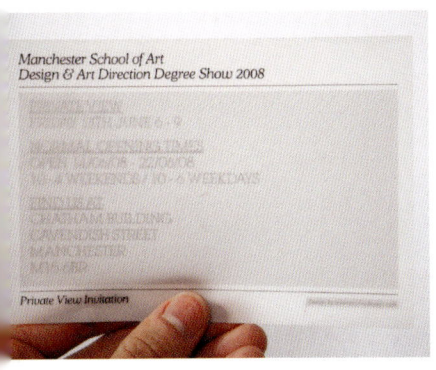

ADAM MORRIS
UK

TIP

小贴士

记得在着手前与你的客户讨论来确定纸张选择，要明确客户的期望值和承受力，对纸张和工艺的正确选择可以节省成本。如果要选用无涂层的纸，一定要向客户展示小样并让他们明白最终印刷品不会有光泽。

Recycled
可回收纸
可回收纸因其环保的属性，现在已经变得越发流行。

Uncoated
无涂层纸
无涂层纸众所周知也是一种胶版纸。它比有涂层的纸更具肌理质感，可以用以表达特殊的印刷效果。油墨会渗透，附着力并不像在铜版纸上那么强，因而印刷图像也不像在铜版纸上那般清晰。油墨干燥时间长，需要留意时间进度要求。

Homemade
自造纸
你还可以为一些短期项目制造专属的纸，创造一种独特的视觉效果与触感的纸张是一种既有趣又节省的体验。可能这种纸不能用于印刷机，但你可以选择丝网印或拓印的方式。

几乎所有的大型纸张制造商都免费提供他们的纸本样册，展示不同纸张的印刷成品效果和不同克重的纸张区别。这些样册往往包含了很有用的技术信息，对于设计工作室非常重要。

142 MATERIALS & FINISHING

TIP

小贴士

通常折叠超过170g的纸张都需要预先压制折痕,这道工序会增加成本,印制体量越大,花费随之越高。如果你只需要印制一个简单的折叠促销传单,是否一定要选用这么厚的纸?能不能用150g的纸从而节省成本?

关于纸张——是否抗磨损,是否具有美联邦科学委员会认证,等等。造纸公司也会提供一些关于纸张高性价比的购置和使用方略,例如哪些适合于办公用品、小册子等。这可以帮助你了解其他人的使用经验并发现物美价廉的纸品。一些纸商和印刷商也会向你展示一些印刷成品小样,并告知你所需的成本花费。这些样品通常可以帮助你估量出在效果质量与成本花费间的收支平衡。

Paper Weights
纸张厚度
所有类型的纸张和卡纸的密度通过克重/每平米来表示。典型的办公用纸是80g,属于经济适用型。纸越重,印刷的可选项越少,印刷成本越高。

> Music工作室受任为曼彻斯特企业设计制作6个报告册,每个都需要承载丰富的信息,但预算成本很低。为了传递出活力,Music工作室使用了简单的单色图形,印制在特殊的糖纸上。

MUSIC
UK

纸张厚度是设计的一个非常重要的影响
因素，仔细选择可以节省花费。如果一
项设计没有包含很多页，较经济的做法
是将全部内页印制在一种厚度的纸上，
封面再另作设计。

邮费也是需要考虑的因素，如果客户需
要寄发小册子，他们将会依据包裹重量
而付费。

纸张厚度也会直接影响到制作，通常低
于170g的纸不需要折叠压痕，但这也要
基于实际情况，要向印刷商咨询确定。
但无论怎样，选择适合的纸张适合的厚
度可以避免很多额外的输出制作的问
题。

TIP
小贴士

大多数的纸张制造商都提供免费的纸样品制作服务。我们可以将在样纸上打印好的成品交付客户以确认，这常常是一个免费且绝佳的方式。但这种方式不能反复使用，否则纸张制造商很快就会识破你的把戏。

TIP
小贴士

是否必须为每项设计指定所需的纸张？一本没有图片的严谨的评论是否真的一定要用指定的纸张品牌？通常印刷商可以从大的造纸商处低价购进大量的高质的绢纸、铜版纸等，确定你所需要的纸张类型（胶版纸、绢纸还是铜版纸），从印刷商的库存中挑选，可以降低成本开销。

▾ Sour是位于比利时的一个城市服装店，委托Nit'ras设计工作室为其设计富有个性的产品宣传资料。Nit'ras设计工作室选择了一种完全的再生纸，充分运用了纸张的粗糙肌理，为柔和的灰色调增添了活力。

RECYCLED PAPER
环保纸

▼ Artiva Design设计工作室希望用100%的再生纸制作他们的自我宣传海报。使用了单黑色印刷和交叉折叠，海报叠起来像一本形式自由的杂志。

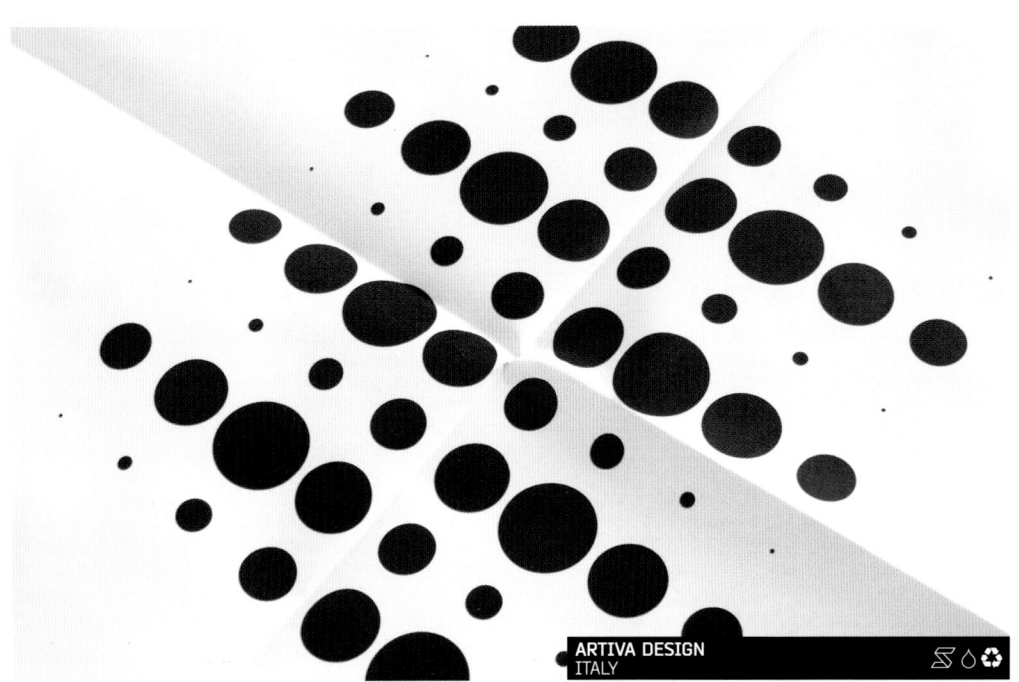

环保已经几近成为公司议事日程的头号问题，对公司产品的选材起到了越发重要的影响。平面设计也不例外，只是他们还需要权衡费用问题。

如今，可供选择的纸张品种繁多。那些用原生纤维（一次纤维）和再生材料制作的纸张及各种纹理、色彩和克重的丰富材质，为各种需求提供了可能。

再生纸不能价过高，有效降低再生品价格，创建更具包容性、更多元的回收条目是造纸业义不容辞的责任。需求的增长已经引发了价格的下滑，再生纸与常规纸的价格终持平。造纸工艺的改良和加工处理回收纸所需能源的极大降低，都帮助拉近了再生纸与常规纸的价格差距。

为了提升再生纸的质量，一些造纸厂会加入一定量的原生纤维。这些纸张通常都带有一个显示所含再生材料比率的标签：25%、50%或75%——这直接与纸的价格挂钩。在过去，原生纤维纸很便宜，再生纸比较贵，但情况正在发生改变。你可以放心地去问印刷商关于再生纸和非再生纸的价格，可能会让你很惊喜。

再生纸的使用取决于个人和公司对待社会责任感的态度，也取决于设计团队和客户对于环保与金钱两个层面在设计项目中所占比重的权衡。其实总能通过对于纸张、印刷等的选择而从中找到平衡点。根据节省开支的既往经验，为了实现最高的性价比，所有的方法都值得一试。

这个环保包装设计是为"20世纪古典音乐"的再版所做的,由英国杰出的设计师罗宾和卢塞根·德使用了可回收材料和最少的印刷和制作工序(单色丝网印和裁切)设计完成的。结构上没有使用胶粘,体现了他们的设计方式。

ertified Papers
书

林管理委员会是众多证书中获得最广泛认
的一个。森林管理委员会是一个独立的、
盈利的组织,目的是提升对世界森林资源
责任管理。森林管理委员会的认证等同于
生纸的标签证明。

得认证表明印刷商和设计师都能够全力以
支持环保行动。纸张制造商、销售商和印
商一旦获得了森林管理委员会的标志使用
,就要保证产品必须依照森林管理委员会
证的森林监管要求。

FACTS
事实

> 我们所用的造纸纸浆中只有不到40%的成分是可循环利用的。

> 使用可循环纤维制造纸张比普通的纸张制造成本高很多。

> 今天我们所用的纸张中基本都含有一定量的可循环纤维,或得到了森林管理委员会的相关认证。

> 只有很少量的纸张是100%环保纸。如果你要选择,就要认准纸张具有森林管理委员会100的标志或同等的认证标签。

ALOOF
UK

146 MATERIALS & FINISHING

TIP

小贴士

在一些地区的邮局，如果直邮广告用的是环保纸，就可以获得折扣服务，这也是降低成本的一个选择。

> Osuna Nursery要求发布广告宣传它的车载植物托盘。在用环保纸制成的托盘上印制信息成了绝好的广告宣传形式。

> Naughtyfish设计工作室为一个设计展设计海报。发布的第一幅海报作为征稿启事，第二幅宣传海报是在第一幅海报上再套印黑版。

3 ADVERTISING
USA

NAUGHTYFISH
AUSTRALIA

RECYCLED PAPER 147

BOCA
BRAZIL

马克斯·博卡·塞维罗设计了一幅海报，表现了"适度表现自我"的主题。他在工作室里就地取材，包括对一沓旧名片的再利用，尝试表现相似性与质感。他从名片上裁切字母，重新拼凑在切割垫上，再拍摄。

TIP

小贴士

当使用森林管理委员会认证的纸张时，也需要使用经其认证的油墨。如果油墨不符合条件，你也无法使用森林管理委员会标志。

博涅罗珀是一位成功的女摄影师，她要求自己的视觉识别设计具有个性与美感，并且符合绿色设计理念。她的名片是选用了三种颜色的再生卡纸，都是之前设计项目中剩下的边角料，用不着墨的模具在卡纸上压出文字。她的标志是印在圆形的贴纸上，再黏在名片的背面，同时也被黏贴在信笺抬头和信封上，以避免后续印刷的浪费。

KANELLA
GREECE

FINISHES
完稿

尽管传统的平版印刷是大批量印刷的最便宜方式，但仍有很多方法可以增强作品的魅力。

一种常用的方法是局部过UV油/紫外光固化油，圆滑光亮的涂层可以增强印刷品的奢华高贵感。

金属箔印，是以金属箔或颜料箔，通过热压转印到印刷品表面上，有大量的色彩可供选择，但金和银是应用最普遍的。

通过压纹，可以在纸上或卡片上压制凹纹或凸纹。

烫凸印刷是通过加热压印成型，油墨中因混有松香粉，成型后会凸起。少量使用，可以形成一种塑料质感。

覆哑膜是给印刷品表面添加一层薄质的清晰塑料保护层，光膜具有反光效果。覆膜可以突出画面并提供纸本保护层，有效防止撕裂和折叠。

这些仅是一部分可利用的印刷处理方式，它们都需要额外的花费，但是否可以替代印刷呢？能够既省钱又实现效果吗？回答是可以的，只要运用得当。如果你需要设计一份简单但出挑的印刷品，就可以选用其中的一种方式替代传统的印刷。只有覆膜是印刷后添加的工序。

ALEXANDER EGGER
AUSTRIA

PS.2 ARQUITETURA + DESIGN
BRAZIL

▲ 为奥地利木工Austrian carpenter所做的企业形象识别设计，设计了一个木质纹理的标志用于所有的介质，打造了独特的个性与质感。

◀ ps.2设计工作室选用了不同颜色的卡纸制作名片，用压纹替代传统的油墨印刷。

FINISHES 149

◀ 这本美丽的单色印的小册子随附一套亮色系（荧光色和金属色）的轻模切贴纸，邀请接收者添加他们的自我信息和闪亮的颜色。

▼ Fabrice Praeger设计工作室设计的新年贺卡，只有700份，用橡皮印章印制在纸巾上。法语指"打喷嚏"，也有"最好祝福"的意思。

KIDNAP YOUR DESIGNER
BELGIUM

FABRICE PRAEGER
FRANCE

单纯的覆膜并不能表达任何信息，但对于邀请信、结婚请柬、证书、名片和小册子封面等，通过特殊的处理方式替代彩色彩印可以节省很多费用。金属箔印和局部UV都特别适合用于覆膜之上，烫凸印刷和凹凸压纹应用在白色卡片上非常漂亮。

为实现这一效果，一个单色图章覆盖在传统的平版印表面。

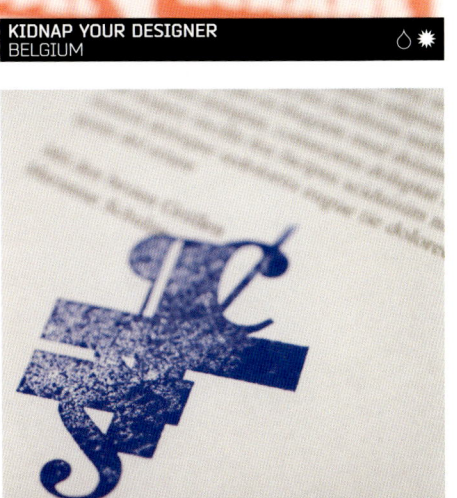

CHRISTOF NARDIN
AUSTRIA

> Rough Fiction 戏剧集团要求一个灵活度高又经济的视觉识别形象,解决方法是设计了一个橡皮印章,可以无限量复制,并能表现独特个性,且省去了昂贵的印刷费用。

RUBBER STAMPING
橡皮印章

橡皮印章是另一个近在手边却又常常被忽略的方式,可用以凸显小体量信息,如一个图形或一个标志,对于小批量制作便宜又省时。

基本的橡皮印章是通过塑模、激光切割或手工雕刻而成,成型的橡皮或塑料图章再与硬质的木块或丙烯酸树脂相黏合。附着了油墨,橡皮印章就可以付诸使用了。目前主要有两种类型:传统的手印章和回墨印章。

Handle-Mount Rubber
手印橡皮印章

一个手印橡皮印章通常包含了橡皮章和黏合手柄,需要手动拓印。如果不需要大量的图印,或计划使用多种色彩,这种印章相对回墨印章更经济节省。

Self-Inking Stamp
回墨印章

回墨印章的印台与一个小型的活动装置相连,装有内置油墨,可以自动伸缩蘸取油墨和拓印,印制上千份都无需手动蘸墨,适合于批量快印。

TOM MUNCKTON
UK

对于付诸印刷可能需要高额费用的设计项目,可以转而通过橡皮印章在各种材料上拓印。大批量的办公用品——名片、信笺、宣传品等都是采用橡皮印章的热门首选。例如在各种商务信纸、卡片或丝网印品上签字盖戳,需要耗费大量的时间和精力。使用橡皮印章既能省时省力,又能创造出一种限量版的范儿。

▽ 生态学者罗伯特·马森盖尔的视觉识别设计
▷ 通过两个橡皮印章和一个印台就完成了,可以把普通纸片立刻变成名片。

PS.2 ARQUITETURA + DESIGN
BRAZIL

这套自我宣传礼品只限量300份,包含了一本台历、便条簿、铅笔和系列橡皮印章。限于极低的预算,ps.2设计工作室直接从制造商手里以尽可能的低价购置材料,然后自行完成设计工序。每份礼品在送出前都已经拓印好并拥有编号。

JOSHUA GAJOWNIK
USA

152 MATERIALS & FINISHING

TIP

小贴士

单色贴纸，单色印刷背景和反白文字，可以创造出极富吸引力和感染力的形象。如果贴纸需要作为分发的宣传品，可以选择印在即时贴上，并可以充分利用页面空间，见缝插针地标注上网址或电话号码等。

SCALE TO FIT
THE NETHERLANDS

▼ 印制在闪光金属箔片上的贴纸具有锦上添花的效果，可以应用于各种办公类用品，包括信笺、名片和礼帖等。

STICKERS
贴纸

贴纸越发成为宣传推广的工具，贴在办公品上，简单、好用又便宜。

当黑白印品需要添加色彩时，贴纸是首选，既可以作为视觉或信息凸显的亮点，也可以作为公文或信件的封印。

贴纸也是实现单次印的最大使用率的好帮手。例如，对于周期性事件会议的海报，你可以只放置不变的核心内容信息，一次印制好。关于日期、时间等需要定期更新的信息可以通过贴纸来实现。

大部分印刷商都提供贴纸印刷服务。也可以线上购买各种外形的贴纸自己打印。

BUROPONY
THE NETHERLANDS

▲ Cuisson是一个私人军事机构，提供三项服务：烹饪、赞助和组织。因预算少但对办公事务宣传品的需求量大，Buropony设计工作室采用了一种花费最少的方法——将不同的信息内容集合印制在贴纸上，每一项都由不同的贴纸标示。

CASE STUDY: REG
案例分析 REG

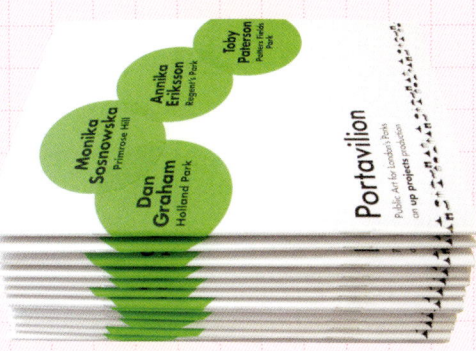

这是为Portavilion艺术展所做的系列设计，包含从品牌营销到宣传推广及目录册等大量印刷品。

一个便宜、快捷又灵活的品牌展示方案是将标志印制在胶带纸上，以用于信笺抬头、信封和其他介质上。主要的识别形象以单色黑印制在一卷荧光绿色的胶带上，以相对便宜的柔版印刷替代了平版印刷。需要品牌展示时就可以随时派上用场。所有的传单都是双色（黑色和荧光绿）印，目录册封面是单黑色平版胶印。

艺术家的名字通过激光打印机打印在荧光绿色的贴纸上，然后手工黏贴在封面上。

荧光色是需要在全色印刷之外添加的专色，柔版印刷和激光打印的结合应用实现了理想的效果。胶带的使用则赋予了一种独特的、手工的和原创的设计感。

REG
UK

154 MATERIALS & FINISHING

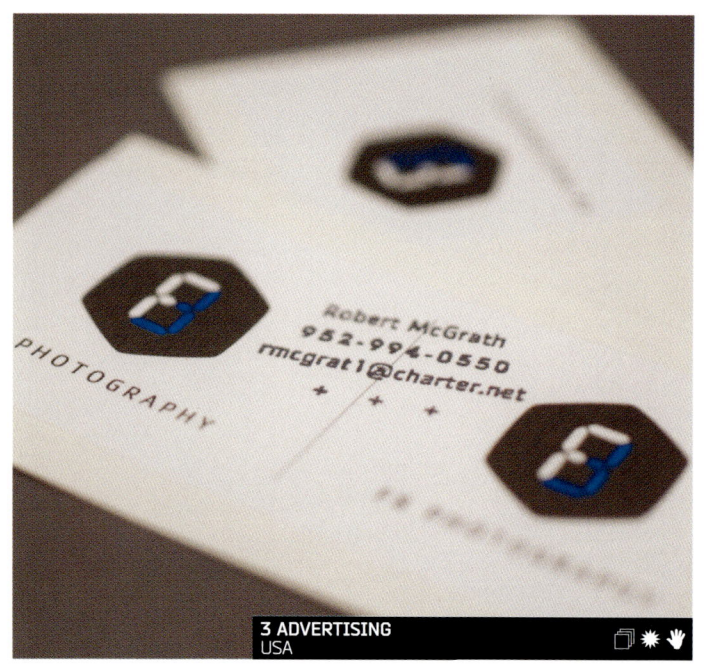

3 ADVERTISING
USA

▲ 3 Advertising设计工作室直接从frenchpaper.com线上购买名片纸张,由当地的印刷商裁切,用橡皮印章拓印上信息。标志是由当地另一家印刷商印制在纸条上,再用于外包装上。整个过程虽然有些人力耗费,但终端效果还是令人欣喜的。

▼ 用两个橡皮印章将两种专色拓印在胶合板上,简单又有效。

TURNBULL GREY
UK

SNASK
SWEDEN

▲ 在很少的预算下,瑞典设计师组织SNASK为斯德哥尔摩皇家戏剧学校设计节目单/小册子/海报。海报由单色印,再送给另一家印刷厂做金属箔印,然后SNASK把海报取回来自己再加一层丝网印。SNASK为此借了一个丝网印刷工作室,保证只在常规工作时间外使用,通常是从晚上10点工作到第二天凌晨5点。为了在早上9点钟就能把成品交到客户手中,他们甚至将海报放在T恤衫的烫印机上以使其快干。

FINISHES 155

EWBOY
ISRAEL

这一系列CD封面通过三个手工制作的橡皮印章和一种专色完成，每一个都独一无二。纸芯选用的是400克的American Bristol纸箱纸，这是种一面光滑一面毛糙的双层纸板。拓印在毛糙的一面上，创造了一种独特的手工制美感。

❤ 这是意大利subtitle设计工作室的自我宣传品设计，在灰棕色的纸上使用了单色丝网印和烫银。

SUBTITLE
ITALY

BINDING
装订

◆ WPA Pinfold设计工作室为自我宣传设计了一本具有质感又合乎心意的小册子，单一颜色印制在胶版纸板上，采用了线圈装订。

装订不只是简单地把书页集合一体，同时还要保证强度和可用性。

骑马钉是一种标准的装订形式，一般采用两只订头，以中心对称，内页与封面装订一体。造价低，但缺少吸引力。还有很多其他的装订形式可以选择，但费用都会比骑马钉要高，除非是由自己来做。还有大量的手工装订方式，可能花费无几，却能创造出非常特别的形式，但都仅适用于小批量制作。

可以用很多东西来装订，包括橡皮筋、弹簧夹和丝带。加以巧用，可以为你的设计增色添彩。

WPA PINFOLD
UK

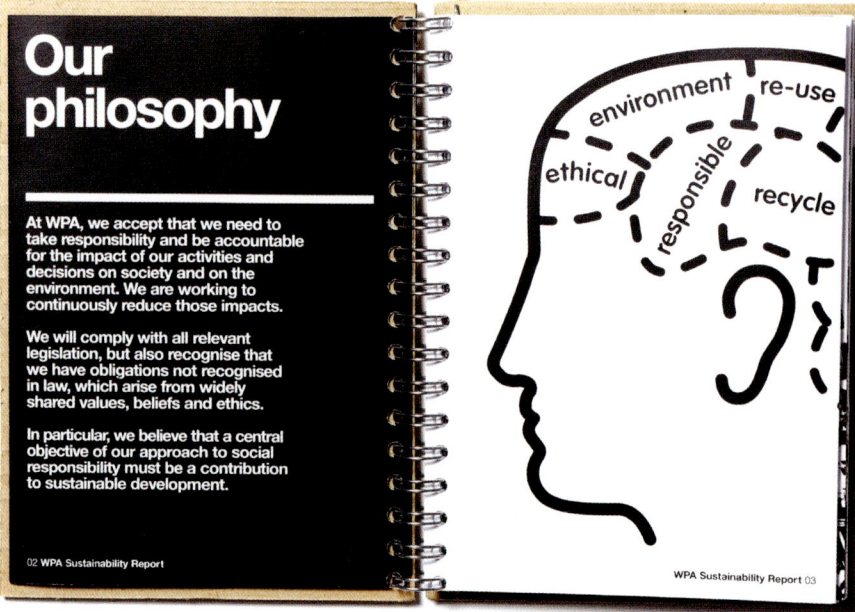

BINDING 157

CASE STUDY: STUDIO EMMI
案例研究　EMMI 工作室

这本Concrete Hermit目录册
时尚又富创意，以回纹针手
工装订。

本目录册分成了两部分：前部分包
了所有潜在顾客所要求的Concrete
Hermit的信息，数码打印并定期更
新。后部分收录目录信息，单张页面
以轻松更换以实现更新。回纹针的
订形式让随时更新页面成为可能。
的讲，这一创意节省了印刷、折
、装订和耗材支出和时间的花费。

STUDIO EMMI
UK

158 MATERIALS & FINISHING

Binding
装订

Screw-Post
活页螺柱装订

活页螺柱装订非常流行，通过小的金属螺柱相互啮合将文件装订成册，能很好地满足超重封面的装订或高度牢固性的要求。

Wire-O Binding
双线圈装订

双线圈装订通过使用连续的双线圈，穿入需装订纸张上的矩形或圆形的孔洞中以固定。这种方式适合于短期的展示性文本的装订，若使用不当会降低装订的品质感，需要专门的打孔和线圈处理设备。双线圈装订的优势是强韧和灵活，纸张叠合自如，书页可以平整展开。纵然需要一定的前期准备工作（纸张打孔一次只能给一定数量的纸张打孔，还需要纸张码齐校准等），但整个过程都可以自行完成。只要所用的材料在厚度上可以被打孔，封面和封底的设计都可以满足无限的创意，从而赋予装订册非常独特的个性。

Ring Binders
活页夹

若是就装订工具而论，活页夹绝对是一个必选项，只是可能会让你的装订册看上去像是一沓培训手册。但优势是既能保护文件，也可以让你轻松添加新的文件或修正错误。

Comb Binding
胶圈装订

这种方法是通过彩色的有齿塑料条穿过纸张上的矩形孔洞，从而装订成型。

▶ 这套精美的胶版印刷品是为卡托维兹詹宁斯公司所做的，使用了圈装和活页螺柱装订。

WOLKEN COMMUNICA
USA

BINDING 159

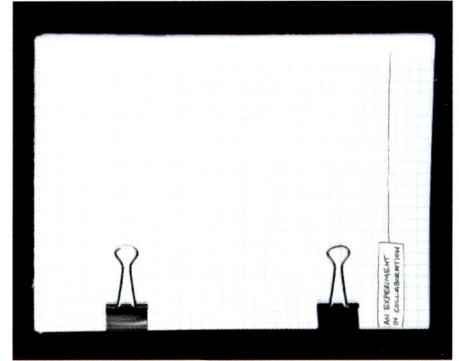

为一个综合艺术展所做的形象宣传册，每一位来宾都领到了一大摞印刷品和关于裁切、折叠和装订的简单操作说明，于是观众就参与完成了展览宣传册的终端完成工序。所有其他的材料，包括海报、邀请信和展览图片等都与宣传册保持一致，所有的文本都是由策展人手写完成的。

THE PARTNERS
UK

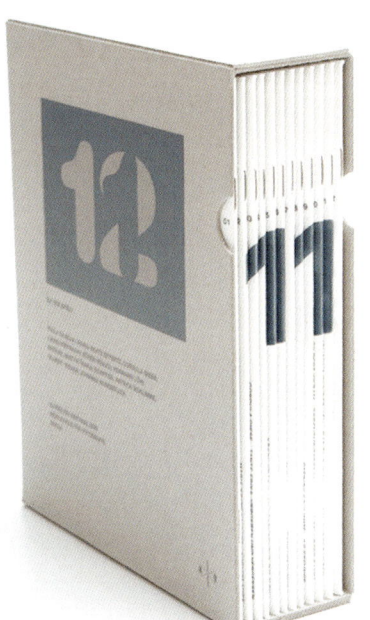

这是为柏林新摄影学院的11名学生的作品展所做的目录册。每一本独立的小册子对应一个摄影师，最后集合成一套完整的目录册。使用骑马钉装订以节省费用，加印了独立小册子的数量，以便于零散分发。

LITTLE ROOM
CHILE

IN-HOUSE FINISHING
自行制作

这些名片以带有孔洞和压痕的平面形式提供给顾客，他们可以轻松地将其折叠成小型的桌面立体卡。每张卡片都不同，都是由设计师自己打印并使用打孔和裁切机制作的。

MAX SCHRØDER
NORWAY

Hand-folding
手工折叠

手工折叠仅适用于短期的项目制作，建议预先压制折痕，以防止折叠时纸张损裂。通常这很耗费时间，但如果有印制好的平面折叠图就会方便很多。文件夹或护封套通常以平面的形式放置能更节省空间，在需要时再直接折叠成型。如果一个文件有宽幅折页或多层折曲，最适合手工折叠。但要注意的是，如果制作不当，会让成品看上去很不专业并显得笨重。

THIS IS STUDIO
UK

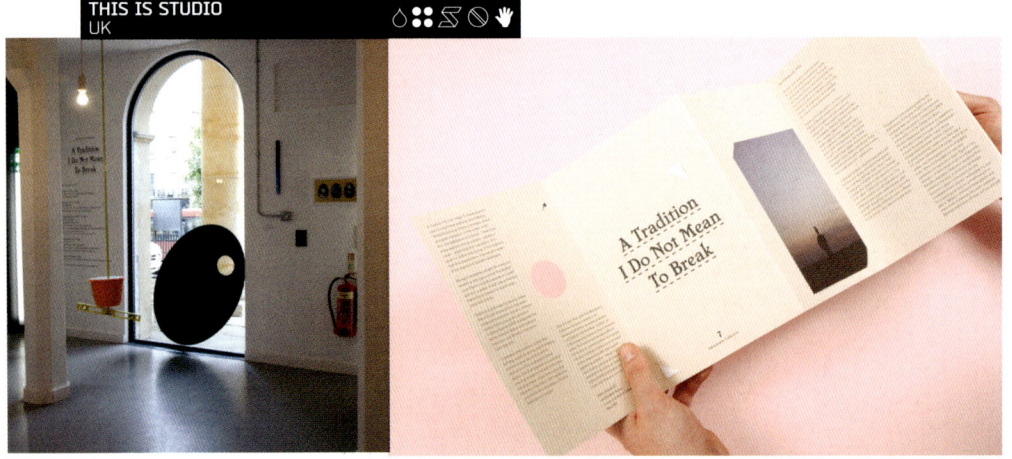

这是为176画廊所做的展览识别设计，包括出版物、展览标识和邀请信，单色印刷并手工制作。

IN-HOUSE FINISHING 161

ndBUILDING
工制作

工制作为终端完成的效果和形式提供
更为宽泛的可能性。许多设计工作室
会制作他们专属的刊物,混合短期的
马印内页和平版印刷的外封套,自行
了,在需要的时候分送给潜在的客

用手工制作文本有很多原因,最鲜明
就是费用问题。通过使用自己的印刷
器和复印机,可以省去外送印刷的费
一本公司手册的印制费用非常高,
且当制作完成后,所展示的都只能算
司以往的信息,已经过时了,而且
果公司迁址了怎么办呢?通过手工制
一本宣传册或卡片等,可以每次只小
量制作,这样就可以随时更新信息并
示公司要求的最新成果。

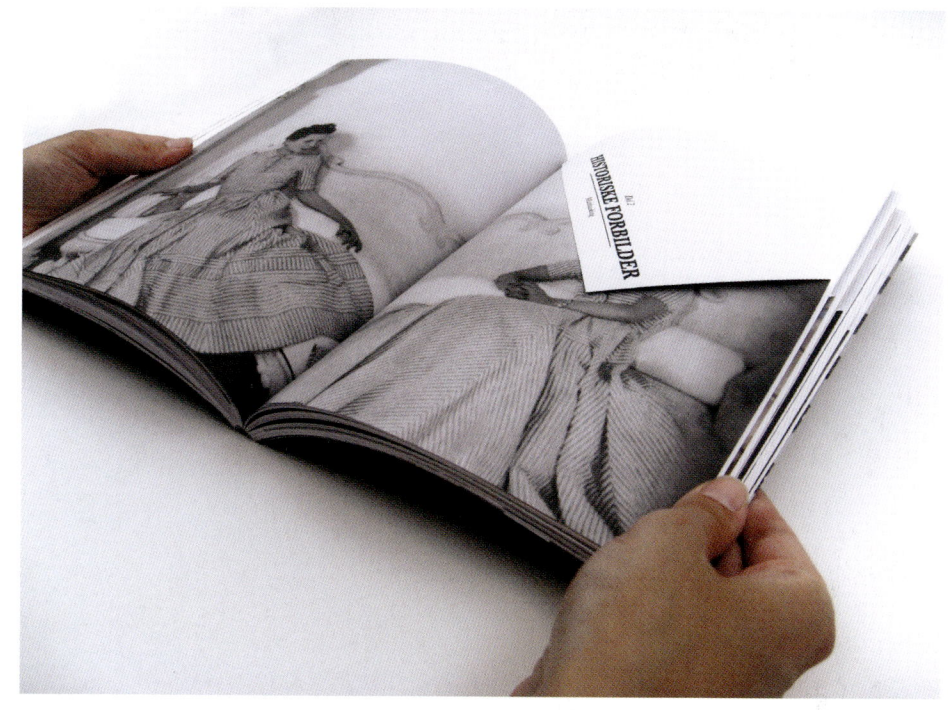

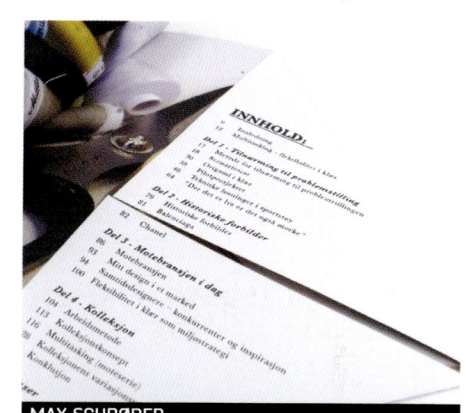

▲ 西格里德·索维克的硕士课题是关于服
◀ 装的灵活性,他从折纸工艺中获得了启
发,将折叠的纸页加入他的设计册中以
传达课题概念。这些折页让读者感受到
了特别与不寻常,从而印象深刻。为了
降低成本支出,折页都是在印刷后手工
折叠的。

162 MATERIALS & FINISHING

TRAPPED IN SUBURBIA
THE NETHERLANDS

▼ 这些插图的背后意图是向参观者展示荷兰museumgoudA博物馆的酷刑展览的展品信息，通过巧妙借助UV灯光来实现。每个参观者在入场时都获得了一个UV手电筒，在主展区，UV灯光映照出手绘在地板上的插图。这一创意的实现得益于一家Fab Lab微观装配实验室的帮助，这是一个拥有制造模型和工具，包括三维印刷机和激光切割机的公共工作空间。

PURPOSE
UK

▼ 通过制作橡皮图章分别拓印在不同的蓝色贴墙胶贴上来创造系列邀请卡，这种富有触感的邀请卡旨在鼓励宾客与会时在自己的胶贴上展示他们的观点和作品。

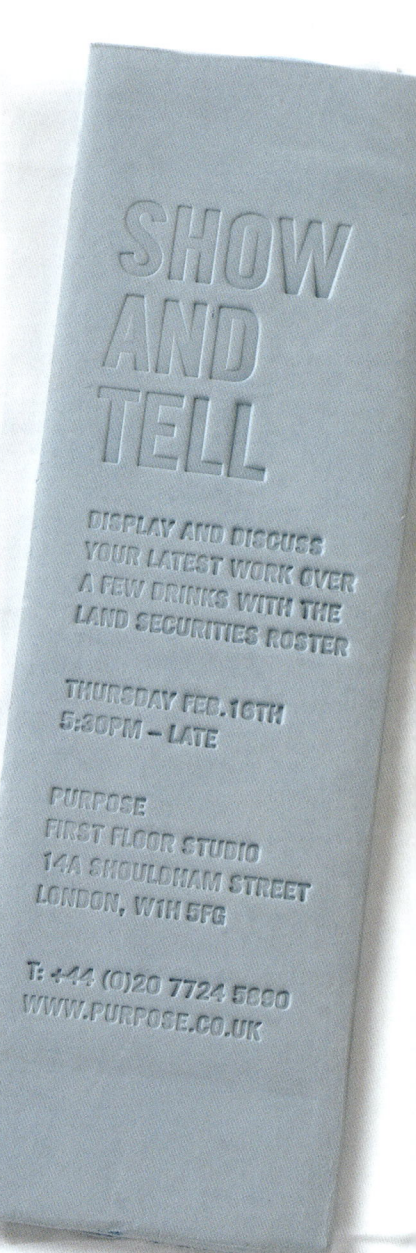

IN-HOUSE FINISHING 163

SIX
UK

这是为Six设计工作室所做的限量版盒装宣传资料,包括:两张介绍卡片——采用GF Smith纸厂的糖果粉纸和Pantone专色,清晰的金属箔压印;八张Robert Horne Imagine的课题卡片;一幅黄绿色调的海报。此外还包含了由Six设计工作室从博客上摘选的精彩广告集锦,使用六种颜色印制在意大利Fedrigoni纸品公司出品的有涂层纸上。成本节省之处就在于盒体可以持续使用,所含内容可以不断更新完善,而且可以自己动手完成盒体升级,进一步节省费用。

TOM MUNCKTON
UK

这个艺术展的旋转灯箱展示了六个展览的六位摄影师,六位摄影师的名字分别被印制在六边形画面的不同页边上。通过移动红色的六边形框线来凸显需要强调的展览,系列的制动装置可以保证六边形的旋转固定位置从而显示出恰当的信息。通过这种方式,一个灯箱就解决了六场展览的宣传需求问题。

164 MATERIALS & FINISHING

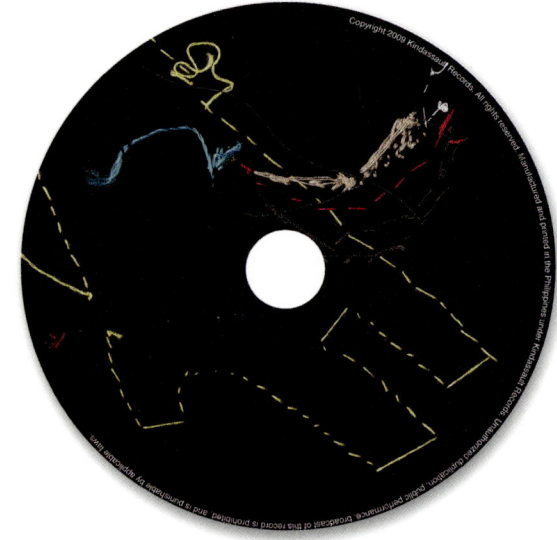

ELECTROLYCHEE
PHILIPPINES

ALEXANDER EGGER
AUSTRIA

◁ 为法国独立乐队Pas de Printemps所做的手工缝制的封套,在菲律宾唱片标签Kindassault上发布。原始的封套是全手工缝制的,这一艺术品完成后又被印制在纸板上作为唱片的后续封套设计。

◁ N76是一个坐落在维也纳的葡萄园,出产小批量的奢华葡萄酒。每年都有一轮新的酒瓶设计,2007年的标识是直接喷涂在瓶身和标签上的。

IN-HOUSE FINISHING 165

这是为宣传自我形象而设计的圣诞礼物，Woodward Design设计工作室从当地一家生产酒箱的公司找到了这些盒子，节省了额外定制的费用。内装的格兰诺拉麦片是由Woodward Design设计工作室自己烹制的，盒上的字体是手工拓印上去的，所有的标签和食谱卡片都是数码打印后手工裁切的。

WOODWARD DESIGN
CANADA

PS.2 ARQUITETURA + DESIGN
BRAZIL

▲ ps.2设计工作室的自我宣传礼物仅限量300份，每个真空袋里有20张卡片，代表了20种不同的字体。他们借了一台真空封口机，自己封装完成。

为劳拉·桑蒂尼所做的宣传设计，核心思想就是保持低成本。一个简单的单色标签通过手工黏贴而成。

PURPOSE
UK

FOUND MATERIALS
寻找材料

> 这组出色的圣诞卡是Music工作室寄送给朋友和客户的,他们收集了12英寸的塑料唱片,在主套上锡箔烫印并裁切成适合尺寸。每张卡片都与众不同并让人印象深刻。

MUSIC
UK

使用现成材料的明显优势就是省钱,它们可能本身是免费的或只需要很低的花费。一个好的方法就是使用之前项目的剩余材料,不需要再支付费用,可以为你自己或其他客户创造更小批量的产品。

现成材料包括从纸张到布料到金属片的各种东西。一个好的设计师应该可以做到变废为宝。与供货商搞好关系,方便你随时讨要到需要的再循环材料。

另一种方法是就地取材。例如,Traffic设计工作室为一家宣布乔迁之喜的客户设计200份卡片。他们使用了标语"我们仅迁移了咫尺",并从当地的海滩上搜寻了好多精致的鹅卵石绑系在每张卡片上,结果是花了小钱却获得了极其出色的效果。但一定要注意的是,如果是从自然保护区里攫取材料,那罚款是绝对会高过原本想省出的费用的。

FOUND MATERIALS 167

STAYNICE
THE NETHERLANDS

▲ 为埃因霍温MU的这里和那里展览所做的设计，staynice用11000个泡沫创建了一棵与实体等大的树，以现成的结构框架作为网格线。

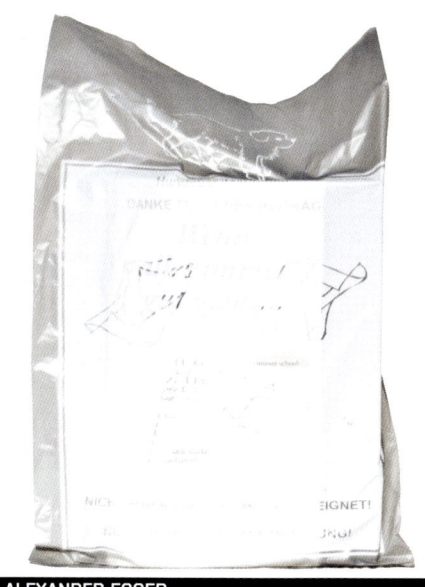

ALEXANDER EGGER
AUSTRIA

◀ Artzine Wenn alles immer gut geht 的自我宣传设计，限量100份，采用双色调印制在激光复印纸上，装在未使用的狗粪便清理袋里。

168 MATERIALS & FINISHING

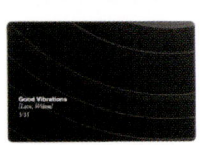  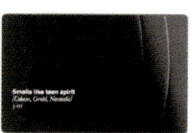
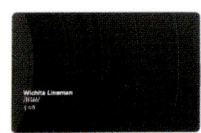 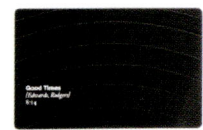 

▲ 继上一页的圣诞卡案例，Music工作室利用了
▶ 所有的唱片封套，结果剩下了一大堆塑料唱片。他们把这些唱片剪成名片大小，丝网印上文字，做成了个性十足的名片。

MUSIC
UK

▲ Blok and Toxico工作室为支持巴西的独
▶ 立电影制作人而做的设计，需要鲜明地表现出对资源的巧妙利用。Blok选择将标志套印在现成的材料上，再通过丝网印填补剩余空间，产生了多层次的图像效果，充分体现了再循环利用的理念。

BLOK
BRAZIL

继续"寻找"主题,二手货、囤积货和剩余货都有可能转变成出色的短期促销设计。虽然偶尔会在商店的橱窗或当地的报纸广告中出现有趣的素材,但发现奇特素材的最好渠道常常还是在www.ebay.com的海量货品中,当然有时也要碰运气。可能当你看过了200个小型的空亚克力展示架后,激发了自己的展示灵感,并就此诞生了一个短期促销设计的创意。

有一个真实的例子,是说一个设计工作室为一个大的金融客户的促销设计购置了300个小铜铃,每个都系有一张卡片"还记得吗?"其实只要尽可能地开通思路,任何东西(儿童玩具、钥匙环、衣服)都可以被大批量购置用于品牌宣传和邮寄广告。

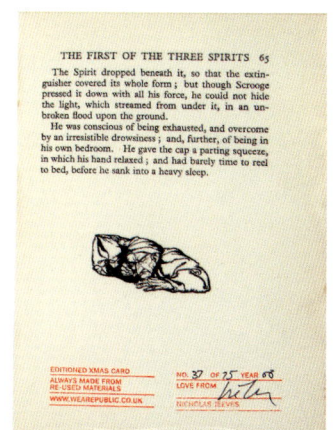

WE ARE PUBLIC
UK

▲ 针对每年圣诞卡过期即废的浪费现象,We are Public工作室决定利用以往的废旧材料制作他们的新圣诞卡片,并且做上限量的数字标号以增加其价值感。2007年,他们剪了100张废旧的卡片,重新拓印并标记。2008年,他们发现了一本1933年的狄更斯《圣诞颂歌》的复本,制作了75张卡片,每一张都经过修剪、标号和签名。所有的圣诞卡都被封装在废弃的托运胶袋里。2009年的圣诞卡,他们再次利用了废弃的旧信件。

◀ 这些单色印制的精美小木片是为了宣传Popsticket乐队而做的。起先是想选用冰棒的木柄,最终发现从药店里购买木质压舌板要容易得多!

170 MATERIALS & FINISHING

PenguinCube工作室被指派帮助开通许多偏远的山路和通道。因为无法将石刻的标识系统制作加工好后再移置各处,只能将所有的模板材料运到山上,每块石板都是在原地加工摹刻的。

PENGUINCUBE
LEBANON

LOOKING
GREECE

为了减少印刷费用和实现现有材料的再用,为雅典的绿色设计节所做的宣传设计用了在雅典之声Athens Voice报纸上套印个专色(其中一个是银色),再做裁切,于官方海报和小册子。

FOUND MATERIALS 171

▲ Debut是维也纳设计周期间举办的一场
◁ 设计展，展地就是一个简单的市场。现场就地取材，利用了深绿色的喷漆、水果箱子和文字版式设计。

CHRISTOF NARDIN
AUSTRIA

为荷兰的Kop Art空间所做的年报设计，目的是用非常低的预算打造个性十足的高品质感，且客户只要求制作10份。为了降低成本，staynice工作室在之前展览的海报上再做套印，包括折叠和装订等的所有工序都是自行手工完成的。

STAYNICE
THE NETHERLANDS

CHAPTER 5: PRE-PRODUC
第五章　前期制作和印刷

OVERVIEW
概述

◁ 为Get Rid Off硬核乐队的样本唱片所做的封面设计，需要出现能够与音乐相匹配的夺人眼球的视觉元素。通过使用图形模板、泡沫滚轴和丙烯颜料在手工制作的纸唱片盒上印制图案文字，创造了独一无二的出色的唱片封套。

确保制作和印刷的正确性至关重要，这不仅是实现客户满意与成功的保证，也是避免意外和额外花费的条件。

在你执行印刷前一定要确认每个环节都准确无误，很多时候，印刷和制作的费用要远远高于设计费。如果你代表客户签署并支付了印刷费用，一旦出现了需要重新印刷的错误，你就有责任承担再印费用。即便是要求客户签署了印刷确认函，也不能成为中间环节错误的责任保单。重新印刷的费用可能会特别高，而且当你不得不扣除自己的设计费来支付这额外的账单时，感觉实在是坏极了，且这种悲剧发生的概率远高于你的估测。

你有一个针对某一特别项目要求的印刷商名录单也是非常重要的。小型双色印刷机是不适合印制大批量的全色小册子的，使用双色印刷机印制两遍也绝不是经济的做法。为制作小批量的明信片而选择大型印刷厂支付高额印刷费是否可行呢？应当找到至少三家印刷商比较报价，从中选出最好的。但切记最好的报价绝非是最便宜的，而是性价比最高的。

要注意隐性花费。你向印刷商清楚表明了你的要求了吗？如果你的报价所包含的名目不明确，那你会被要求再付费。一定要坚持报价中包含递送费，但对于递送地点一定要实事求是。印刷商常常是对本地区一站停的递送服务免费，如果你要求送到很多地点，那么他们会收取一定费用。检查你的设计稿正确无误，确定包含了所有的字体和高精度的图片，如果要修改图片是要再支付费用的。页面或整本册子是否有特殊形状的切割要求？是否需要模切固定名片的开口？封面上大面积的平涂颜色是否需要上光油以防止油墨被摩擦褪掉？如果是印制在300克以上的厚纸板上，在做压痕和折叠时是否易破损？如果是这样，那就要准备好加覆塑料压膜的费用了。

压痕是一种附加的工艺，需要额外的支出。如果是大批量制作，费用会非常高。如果选择175克重量以下的纸张，可以直接折叠无需压痕，这样就可以节省大量的费用。

用于不同客户的相似文件，是否考虑同时印制？通过这种方式，特别是在使用同样的规格纸质时可以节省大量的费用。鼓励客户集合设计产品统一批量印刷，以节省后续单独印制的花费。

真的需要在正式开始印刷前打印小样吗？对少量的简单的印制只需要通过PDF的电子样稿确认就可以了，由此可节省这笔附加的费用。

另一个节省印刷费的可试方案是灵活的货运时间。如果没有加急要求，是否可以在其他项目制作间隙完成某个项目的打印。如果通常的交付期是5天，延长至10天是否可以获得更低的报价？交货时以直接付款的形式是否还可以获得一定的折扣？

你的印刷经历越丰富受益就会越多，越能帮你节省花费。大部分印刷商都会和你站在同一个阵营里，毕竟他们希望拉你做回头客。向他们提供尽可能多的关于你要印制的产品信息，可以实现费用的节省。试着与几个印刷商维系良好的关系，他们会针对你的要求，给你最大限度的节省费用的建议。

▼ 这个自我宣传的设计，题目为"我们的作品样本"。选用医院里的尿液试管，内有一张手绘的类似医学标签样的折纸。

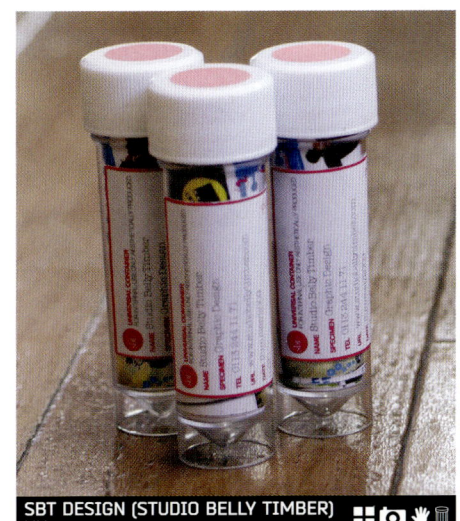

SBT DESIGN (STUDIO BELLY TIMBER)
UK

BEWARE!
小心

在设计和加工领域，一些加工制造商都会强收附加费，你获得的报价往往会比预期的高出10%。采用传统的四色全彩平版印刷会较少遇到这种情况，但如果有其他宣传品的印刷，例如塑料包、卡纸包装、徽章等，就需要注意了。一定要小心有关"10%的增减浮动费用"，如果你要求的数量是1000份，印刷商常常会印制1100份（奇怪的是他们从没有少印制过），然后讨要超出的费用，这种情况发生的频率远高于你的想象。

TIP
小贴士

印制办公用品时，一定保证礼帖和信笺一起印制在同一纸质上。印刷商会在大幅面的纸上双倍印刷再做裁切，这时要坚持所支付的印制费包含了印刷和裁切两个工序。设计礼帖与信笺等宽，高度比为1:3，一次的印制数量就可以设置为1000份信笺和3000份礼帖，或2000份信笺和6000份礼帖等等。不要把"礼品"二字印制在礼帖上，这样客户可以后续把空白的礼帖作为地址便条或纸箱标签来使用。

BEWARE!
小心

在印刷开工前明确各项费用。通常要求送货至一个地点是免费的，但如果你要求送至几个不同的地点，就需要付递送费了，你可能还需要支付递送前的分装打包费。注意在宣传品、样品或品牌玩具等制作的报价单上出现的"送货费有待确认"的字样，一定要在最开始就加以确认。如果原材料是在本国购置，而加工制作是在其他国家，会有进口税生成，还需要支付高额的海运或空运费，并耗时许久。

PRODUCING YOUR OWN PRINT
自行印刷

MUSTARD UP
UK

你可能根本无法让自己打印的产品同常规印刷机输出的产品相媲美，除非你自己拥有一台全彩海德堡平版印刷机。

手工制作的商品往往具有独特的限量版的价值感。手工装订的印制小册子看上去很特别，让接收者感觉到一种定制的专属感。对于此种商品，千万不要在结构上太复杂，工序越简单越好，并限定数量。如果手工制作300本小册子要花费一周，那就是得不偿失了，通常应该可以在两个小时内制作出好几本。

混合使用多种方法，或许你可以制作出不同寻常的小册子。试着从纸张加工厂寻要免费的纸样卡片，裁切后加入你的数码打印品中。

你也可以将自行打印与批量打印相结合，这是控制总体印品的好方法，既省钱，也能实现短期的项目制作。

不要奢望能手工制作出与专业印刷相媲美的产品，但也千万不要派送出蹩脚的手工制品。实践出真知，尝试和犯错是你实现成功的最好途径。

▲ MUSTARD UP委托Underdogs工作室为他们的新唱片工作室成立制作150份庆贺请柬。Underdogs工作室使用了之前项目的剩余卡片，再由刀片加以裁切，所有工序由5个成员耗费15个小时全部手工完成。

PRODUCING YOUR OWN PRINT 177

▾ BUROPONY工作室在创建之初没有大量的资金用于形象塑造。BUROPONY工作室从赛马骑师所穿着的服装图案获得灵感，设计了双色格子，用第三种颜色作为底色。单一专色印制好底色后，通过彩笔和喷漆罐手工将网格图形补充完成。他们创造了引人注目的形象，很好地表现和宣传了工作室。

ABRICE PRAEGER
RANCE

这些音乐发行物采用了识别元件的形式，包含了标注清晰的不同物件。

BUROPONY
THE NETHERLANDS

178　PRE-PRODUCTION & PRINTING

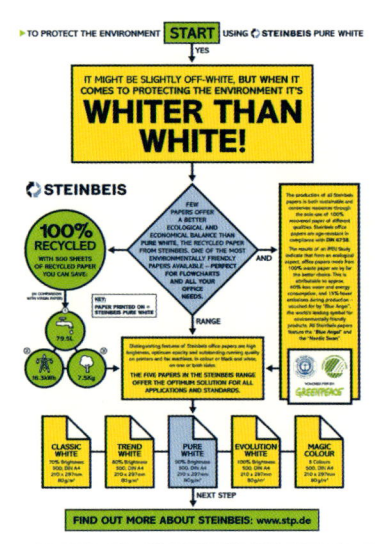

STOCKS TAYLOR BENSON
UK

› 为这种100%再生纸所做的宣传设计,是
› 由客户方的市场部成员按照要求直接影
印在这种纸上的。这意味着可以根据需
求随时印制,避免了额外的纸张浪费与
印制。

› 这个宣传盒的目的是为巴西电影项目"镜
› 子与影子"募集资金。因为没有很多的启
动资金,Blok工作室决定将项目一分为
二。外盒和黑白卡片由凸版印刷机精美印
制,内置的四色全彩卡片由Blok工作室自
己数码打印,并由设计师自己修饰。

BLOK
BRAZIL

PRODUCING YOUR OWN PRINT 179

▲ Landland工作室从当地的印刷商处购买
▶ 了预模切好且未折叠的空白CD封套，通
　过在工作室或当地复印店的简单影印添
　加元素，再由设计师们自己动手完成打
　印和组装。

LANDLAND
USA

180 PRE-PRODUCTION & PRINTING

EDHV
THE NETHERLANDS

▲ Edhv工作室用4天制作了一本杂志。他们共设计了6个封面,最终他们将6个设计图一个叠加一个地用丝网印制在一起作为封面。数码打印所有内页,打孔并手工装订。这本杂志后续共被制作了500本。

DOYLE PARTNERS
USA

▶ 为Cook + Fox Architects建筑设计工作室所做的节日卡片,标题是"南极洲环保措施白皮书",提供给这些严肃的建筑师一个对他们从事的工作开开玩笑的放松的机会。故意显露的蹩脚制作品质和采用的小尺寸进一步增强了粗糙感,便宜的印刷纸让卡片看上去就像是在地下室里制作的一般。

PRODUCING YOUR OWN PRINT 181

这是由设计师和他的妻子阿里阿德涅·班德尔共同设计的一本小开本艺术书，用了最少的颜色，通过喷墨打印机打印在再生纸上。封面和特殊的页面选用了彩色纸。

ALEX LINS
BRAZIL

Decembers Architects12月建筑师乐队的CD包装主要是在地下室里印制，只有部分在当地的影印店完成。唱片封套采用了套印和冲切，手工组装。

LANDLAND
USA

CHAPTER 6: RESOURCES
第六章 资料

GIVE UP ART
UK

SUMMARY OF SOURCES
资料来源概要

FONT-RELATED SITES

www.007fonts.com
www.1001freefonts.com
www.1-800-fonts.com
www.abstractfonts.com
www.acidfonts.com
www.bvfonts.com
www.dafont.com
www.fontface.com
www.fontfreak.com/pre.htm
www.fontifier.com
www.fontlab.com
www.fontsearchengine.com
www.fontsforflash.com
www.fontstruct.fontshop.com
www.fontsy.com
www.highfonts.com
www.jabroo.com
www.searchfreefonts.com
www.typenow.net
www.urbanfonts.com
www.webfxmall.com/fonts

IMAGE SITES

www.123rf.com
www.acclaimimages.com
www.alamy.com
www.bigstockphoto.com
www.canstockphoto.com
www.cepolina.com
www.corbis.com
www.crestock.com
www.dreamstime.com
www.easystockphotos.com
www.en.fotolia.com
www.everystockphoto.com
www.flickr.com
www.fotosearch.co.uk
www.freedigitalphotos.net
www.freefoto.com
www.freeimages.co.uk
www.freemediagoo.com
www.freephotosbank.com
www.freepixels.com
www.freerangestock.com
www.freestockphotos.com
www.gettyimages.com
www.imageafter.com
www.inmagine.com
www.istockphoto.com
www.jupiterimages.co.uk
www.morguefile.com
www.openphoto.net
www.photogen.com
www.photorack.net
www.photos.com
www.photospin.com
www.pixmac.com
www.public-domain-photos.com
www.punchstock.co.uk
www.shutterstock.com
www.stockphotoasia.com
www.stockvault.net
www.stockxpert.com
www.sxc.hu
www.texturewarehouse.com
www.unprofound.com

BLOGS/FORUMS & INSPIRATION

www.acejet170.typepad.com
www.aisleone.net
www.bibliodyssey.blogspot.com
www.bitique.co.uk
www.booooooom.com
www.buamai.com
www.butdoesitfloat.com
www.cpluv.com
www.creativeoutput.net/blog
www.design21sdn.com
www.designobserver.com
www.dezeen.com
www.dirtymouse.co.uk
www.dropular.net
www.ffffound.com
www.fleuron.com
www.formfiftyfive.com
www.fubiz.net
www.heavyeyes.net
www.grafikcache.com
www.grainedit.com
www.graphichug.com
www.hipyoungthing.com
www.itsnicethat.com
www.manystuff.org
www.modernthought.co.uk
www.nolegacy.com
www.original-linkage.blogspot.com
www.reformrevolution.com
www.septemberindustry.co.uk
www.somuchpileup.blogspot.com
www.swisslegacy.com
www.thedieline.com
www.thegridsystem.org
www.the-refined.com
www.thestrangeattractor.net
www.typojungle.net
www.underconsideration.com/brandnew
www.welcometohr.com
www.yayeveryday.com
www.ypeish.com

PAPER MILLS/SUPPLIERS

www.abcpaper.in
www.abitibibowater.com
www.adpaper.ae
www.ahlstrom.com
www.akasan.com.tr
www.alamigeon.com
www.alceicl.com
www.amcor.com
www.andhrapaper.com
www.appletoncoated.com
www.arapepco.com
www.arcticpaper.com
www.arjowiggins.com
www.asiapaper.co.kr
www.australianpaper.com.au
www.awusa.com
www.aylesford-newsprint.co.uk
www.bollorethinpapers.com
www.bruecherpapier.de
www.buchmannkarton.de
www.burgogroup.it
www.canson-us.com
www.cartieradelchiese.it
www.cartieradelladda.com
www.cartieradigalliera.com
www.cartieragiorgione.com
www.cartotecnicarossi.it
www.centurypaper.com.pk
www.champaper.com
www.chuetsu-pulp.co.jp
www.clearwaterpaper.com
www.clc.com.tw
www.cmpc.cl
www.coldenhove.com
www.copamex.com
www.cqzzyjy.com
www.crane.se
www.cropper.com
www.curtisfinepapers.com
www.cvg.nl
www.daehanpaper.co.kr
www.daio-paper.co.jp
www.dalumpapir.dk
www.domtar.com

www.dongilpaper.co.kr
www.doubleapaper.com
www.drewsen.com
www.emin-leydier.com
www.environmentalbychoice.com
www.fedrigoni.com
www.fibermark.com
www.fibria.com.br
www.flambeauriverpapers.com
www.fukuyama-paper.jp
www.galgo.com
www.gardacartiere.it
www.garnettpapers.com
www.gfsmith.com
www.glommapapp.no
www.gruppocordenons.com
www.grycksbopaper.com
www.guyennepapier.fr
www.hadera-paper.co.il
www.hanchangpaper.co.kr
www.heinzelgroup.com
www.horizon.ee
www.hyogoseishi.com
www.iggesundpaperboard.com
www.internationalpaper.com
www.jass.de
www.jssd.de
www.khannapaper.com
www.koehlerpaper.com
www.koehlerpappen.de
www.korsnas.com
www.kruger.com
www.lanapapier.fr
www.lucart.it
www.mohawkpaper.com
www.mondigroup.com
www.mpm.com
www.m-real.com
www.myllykoski.com
www.nordic-paper.com
www.okayamaseishi.co.jp
www.paperonweb.com
www.petrocart.ro
www.sappi.com

www.scheufelen.com
ww.smartpapers.com
www.smurfitkappa.com
www.sniace.com
www.strathconapaper.com
www.stregis.co.uk
www.sunpapercompany.com
www.suomenkuitulevy.fi
www.sypaper.co.kr
www.thesharmagroup.com
www.tppc.com.tw
www.tullis-russell.co.uk
www.utzenstorf-papier.ch
www.vignaletto.com
www.visy.com.au
www.weyerhaeuser.com
www.zanders.de
www.zeritis.gr

VECTOR ILLUSTRATIONS

www.123freevectors.com
www.coolvectors.com
www.createsk8.com
www.dezignus.com
www.flavafx.com
www.flickr.com
www.freevectors.net
www.istockphoto.com
www.keepdesigning.com
www.qvectors.com
www.vecteezy.com
www.vector4free.com
www.vectorart.org
www.vector-art.blogspot.com
www.vectorjungle.com
www.vectorportal.com
www.vectorvalley.com
www.vectorvault.com
www.vectorwallpapers.net
www.veeqi.com
www.vintagevectors.com

GLOSSARY
专业术语

PRINTING 印刷

bitmap 位图
计算机的一种初始字体，由像素构成，也用于表述数字图像像素。

bleed 出血
用以表示超出页面裁切线的印刷部分，包括图形、线形、字体等。

CMYK
代表蓝色、品红、黄色和黑色，通过四种油墨的组合表现所有的色彩，也被称为全彩四色印刷。

digital printing 数码印刷
在相片纸、胶片、布料或塑料等材质上再现的数码图像。

duotone 双色套印
由两种色彩生成的中间色，两种色彩印制在一起可以增强画面的丰富性和色彩的饱和度。

engraving/etched plates 雕版
通过使用雕刻或酸蚀刻的金属版的一种印刷方法。

halftone 半色调
将图像分解为不同密度的色点，以模拟全色调。

holography 全息摄影
指一种记录被摄物体反射波的振幅和位相等全部信息的新型摄影技术,再现的像具有三维立体感。

inks (specials, metallics, fluorescents) 油墨（专用，金属色，荧光色）
大多数的批量书籍印刷使用的都是四色（蓝、红、黄、黑）全彩的平版印刷，特殊油墨的添加使用可以制造出特殊的效果。

letterpress 凸版印刷
一种古老的印刷工艺，把文字或图像雕刻在一系列金属板上，在印版装置和压印装置的共同作用下转移到承印物上，与传统的平版印刷相比有明显的印痕感。

offset lithography 平版印刷
利用橡皮滚筒与压印滚筒之间的压力，将橡皮布上的油墨转移到承印物上的印刷方式。

raster imaging 光栅图像
一种使用电子光束且与半色调图像类似的方式，由复合的不规则的点记录图像，比传统的CMYK平版印刷能呈现更好的图片与色彩质量。

reversed type 反白字
通过有色背景显示出留白字体。

RGB
分别代表红、绿、蓝，由这三种原色生成屏幕上显示的完整色谱。

screenprinting 丝网印刷
印版在印刷时，通过一定的压力使油墨通过孔版的孔眼转移到承印物上的方法，也称为丝网印或绢网印。

spot color 专色
专色是指在印刷时，不是通过印刷C、M、Y、K四色合成这种颜色，而是专门用一种特定的油墨来印刷该颜色，如Pantone彩色匹配系统。

vignette 晕影
一种色彩向白色或另一种色彩渐变的色调。

woodblock/rubber die 木板/橡皮印模
将文字或图形雕刻在木块或橡皮上，通过转印实现的凸纹印刷方式，类似于凸版印刷。

FOLDING 折叠

concertina fold 波纹管式折叠

Z字形页面折叠方式，形似手风琴的风箱，通过拉伸可以完全展开，也被称为扇形或手风琴式折叠。

cross-fold 横折

将打印纸页对折后再反转对折，类似地图的多重折叠。

French fold 法式折页

将页面上下对折后，再左右对折。

gatefold 折叠插页

通常是为了创建冲击力，而将延展的中心页面向内对折。

perforated fold 齿孔折叠

折叠材质预先沿折叠线打孔以方便折合。

roll fold 卷折

将较长的纸张均分成几等份，沿右边向左依次折叠。

scoring 折痕

为了折叠整齐，在重于200克的纸上预先沿折叠线压印折痕。

throw-out 折叠

将超大的页面折叠以适合文件的尺寸。

MATERIALS 材料

cast-coated 铜版纸

铜板纸是在原纸上涂布一层由碳酸钙或白陶土等与黏合剂配成的白色涂料，烘干后压光制成的高级印刷用纸。

coated stock 涂层纸

一种光滑的硬质纸，表面涂有陶土适合印制半色调图像。

cover/bookbinding board 封面/书皮纸板

一种具有高密度纤维涂层的纸板，常被用于精装书的封面。

injection molding 注塑

采用高冲击聚苯乙烯制作统一的大批量的塑料制品。

Kraft paper 牛皮纸

由未漂白的木浆制作的强韧纸张，常用于制作纸袋和包装袋。

Perspex 塑胶

聚甲基丙烯酸甲酯的产品名称，是一种坚硬的塑料，最早产于1930年，被广泛用于广告招牌和防护牌。也被用于制造有机玻璃、合成树脂、聚丙烯酸酯塑料等。

polypropylene 聚丙烯

一种可具有不同色彩的软塑料板材，包括透明和磨砂两种分类。

pulpboard 纸浆纸板

纸浆纸板质厚粗糙，吸收力强且柔韧富有弹性，油墨易渗透从而呈现出一种质朴感。

ream 令

令是纸张的计数单位，500张纸等于1令。

signature 标记

一张印刷纸至少要折叠一次从而成为印刷文件的一部分，以4的倍数逐级标记。

simulator paper 硫酸纸

一种质薄、半透明的纸，也称为描图纸。

stock 材质

用以印制的纸张或其他材料。

translucent paper 半透明纸

在灯光下近乎透明的纸质，适合做透叠效果。

uncoated stock 无涂层纸

因为没有黏土涂层，表面粗糙，质地紧密不透明。

BINDING 装订

binding tape 装订带

用于保护并便于翻动书页的书脊装订带。

burstbound 无线胶装

是指用胶水将印品的各页固定在书脊上的一种装订方式。

casebound 精装

精装书的封面、封底一般用硬纸板及棉麻织品、塑料、皮革等材料来制作。

channel binding 夹装

通过使用一个金属的U形夹装订一定量的文件，无需冲孔和胶粘。

Japanese binding 日式装订

使用线穿过封底与封面，缝合书脊，主要用于散页的装订。

perfect binding 无线胶粘装订

页面通过长条状黏合剂与封面、封底粘连，书脊平整。

saddle-stitching 骑马钉

书本装订的一种方法，动作如跨上马背。书页套好后，跨放在铁架上，以穿压铁线钉。

screw-post binding 活页螺柱装订

在页面装订边上冲出大小适中的装订孔，在装订孔上拧上螺柱使页面固定。

side stitching 平订

用铁丝订书机将铁丝穿过书芯的订口的装订方式，也称为侧装订。

Singer-sewn binding 车线装订

用缝纫机沿中折线将文件缝合在一起。

wire/comb binding 线圈装订

将塑料齿梳或细金属丝穿过纸张的冲切孔，通过线圈装订机锁定纸张。

FINISHING 完稿

debossing 压印

在纸张或其他材质表面压印以留下凹陷痕迹。

die-cut 冲切

通过使用带有尖锐金属切边的模具，在纸面上切割装饰图形的方法。

embossing 压纹

不使用金箔或油墨，单纯通过压印创造凸纹压痕。

engraving 雕版

通过刻有图形的金属版蘸取油墨转印到纸张上。

foil blocking 印箔

通过加热的模具将金属箔烫印到纸张上。

forme cut 印版切割

通过切割模具将文件切割成不规则形状。

gloss metallic foil 光亮金属箔

与光亮印刷表面共同使用的金属箔烫印。

hand finishing 手工制作

任何无法通过机器完成的制作都需要依靠手工，如折叠有印痕的页面或是添加内页或是装订一套文本。

in-line sealing 整齐密封
在印刷过程中，会大面积印制薄清漆以防止油墨因摩擦褪色侵染接触页面，通常作为CMYK四色全彩印刷的第五种色使用。

kiss-cut 镂空切片
类似于冲压，但纸张没有被完全压穿，大多用于需要保留纸张完整的不干胶贴纸。

lamination 镀膜
在纸张表面镀塑料膜以起到保护作用。

laser die-cut 激光冲切
一种非常精确的冲切方式，用于冲切错综复杂的图形。

laser etching 激光蚀刻
可以将精微的图形和文字通过活性离子蚀刻到板材上。

pin perforations 针孔
用针在纸张表面穿微孔，主要便于纸张的撕裂分离。

ram punch 冲压
使用冲压机在金属、厚质卡纸或大叠纸上切出精确的形状。

thermography 热压凸印刷
将一种特殊的粉末撒在未干的印制图形上，再通过加热设备，从而创造出一种浮雕的效果。

UV varnish UV光油
通过使用一种紫外线条件下固化的树脂漆，使印制表面看起来光亮、美观、质感圆润。

CONTRIBUTORS
合作名录

3 Advertising 146 / 154
344 102 / 103 / 189
Adam Morris 141
Adhemas Batista 047
AL DENTE 136
Alexander Egger 001 / 072 / 088 / 092 / 136 / 148 / 164 / 167
Alex Lins 181
Aloof 137 / 145
Andy Gabbert 062
Andy Smith 045 / 062
Arnaud 091
Artiva Design 057 / 144
BASICS09 100 / 169
Beam 053 / 054
Blacklabs 089
Blok 032 / 041 / 135 / 168 / 178
B&W Studio 035 / 072
biz-R 138
Boca 6–7 147
BUROPONY 044 / 058 / 152 / 177
Christof Nardin 045 / 077 / 087 / 149 / 171
Cityabyss 083 / 103
Claire Orrell 122
Coast 009
DC Works 037 / 040 / 071 / 129
Default Design 038 / 046
DesignByIf 060 / 063
Donuts 070
Drahtzieher Design 086
Doyle Partners 180
Edhv 52 / 69 / 180
Electrolychee 164
eps51 036 / 056 / 071
Erik Borreson 098 / 117
Erwin Bauer 003
Exposure by Design 108
Fabrice Praeger 030 / 149 / 177
Flávio Hobo 021 / 031 / 082 / 117
Fleming Design 066
Gabriel Solomons 104
Give Up Art 031 / 109 / 182

Gordon Beveridge 099
Graphic Diversion 105 / 115 / 119
Graphisterie Générale 050
Ha Design 059 / 061
Heyduck Musil & Strnad 008 / 046
Hey Studio 069
JenLoves 181
Jewboy 155
Johan Koelb 191
Joshua Gajownik 026 / 051 / 151
Kanella 147
Kidnap Your Designer 149
Kuizin Studio 054
Kvorning Design 055 / 139
Landland 065 / 179 / 181
Lewis Moberly 074
Little Room 159
Looking 126 / 170
Lundgren + Lindqvist 080 / 101
Mark Caneso 063
Matthias Dunkel 063
Max Schrøder 132 / 160 / 161
Michael Seiser 005 / 174
Moodley 023
Music 041 / 134 / 142 / 166 / 168
MUSTARD UP 176
Naima Almeida 114
Nam - The Graphic Collective 106 / 110
Nancy Wu Art & Design 038
Naughtyfish 039 / 146
Nit'ras 122 / 143
No Chintz 029
Nothing Diluted 194 / 196
Nu Design 133
Oh Yeah Studio 020
One Size Fits All 132
PARAGON Marketing 120
Parcel Design 100
Paul Snowden 77
PenguinCube 170
Porter Novelli 107
Poulin + Morris 119

Proekt 129
Projekttriangle 036
Purpose 033 / 162 / 165
ps.2 050 / 130 / 134 / 148 / 151 / 165
REG 030 / 133 / 153
Remake 028 / 042 / 130
sbt Design (Studio Belly Timber) 175
Scale to Fit 043 / 094 / 152
Shadrach Lindo 034
Sicksystems 095
Six 137 / 163
SNASK 154
Socio Design 055 / 061 / 093 / 116
Solar Initiative 011 / 076
staynice 018 / 022 / 128 / 167 / 171
Stefano Maccarelli 110
Stocks Taylor Benson 178
Studio Astrid Stavro 039 / 073 / 138
Studio Emmi 044 / 067 / 157
Studio International 075
Subtitle 024 / 140 / 155
Sunday Project 121
Svetoslav Simov 084
The Big Picture 141
The House London 095
The Partners 010 / 097 / 159
THIS IS Studio 110 / 139 / 160
threewhite 034 / 110
Tom Munckton 150 / 163
Traffic Design Consultants 059 / 077 / 091 / 096 / 099 / 111 / 118 / 123
Transfer Studio 087
Transformer Studio 090
Trapped in Suburbia 162
Turnbull Grey 154
Veto Design 037 / 053
We Are Public 032 / 048 / 049 / 169
Wolken Communica 158
Woodward Design 165
WPA Pinfold 156
Young 068
Zync 131

INDEX
検索

A Christmas Carol (Dickens) 169
Adobe
   Illustrator 60, 96, 100, 105
   InDesign 60
   Lightroom 112
   Photoshop 34, 43, 60, 91, 100, 105, 110, 112, 115, 117, 122
advertising 20
AGA 42
Aisleone 125
Alston, Emily 44
American Bristol carton board 155
Anagram (font) 82
Andes (font) 82
Aperture (Apple) 112
Aquadulci Hotel, Sardinia 24
archiving work 78–9
Arjo Wiggins Hi Speed Opaque 89
Art Directors Club of Europe 39
art channel 31
artwork *see* images; typography as; vector illustrations
Athens Voice newspaper 170

Beveridge, Gordon 13, 91, 96
Binderl, Ariadne 181
binding
   comb 158
   hand 156
   ring binders 158
   screw-post 158, 158
   staple 156
   wire 156, 158, 158
Black, Dan 65
blind embossing 34, 148
blogs 60, 124–5
Blu-Tack 162
BN 43
Bond, Peter 133
Boniface, Kevin 134
Boys Noize Records 77
broadband 15–17;
   see also Internet
brochures
   paper for 25
   handbuilt 176
Brownbook magazine 36
Browne, Adam 33

Brückner, Roland 100
Brun, Thomas 20
Bucher, Stefan G. 102–3
budgets 8–9, 21, 22, 24, 28–9
   production costs 23, 24, 28, 174
   see also quotes
Built to Spill poster 65
Buivenga, Jos 85
Burns Interior Design 59

Camberwell, Chelsea, and Wimbledon (CCW) colleges, London 110
cameras 106–7, 109, 110, 112–13
Candy Pink Colorplan (GF Smith) 163
Capital Community Foundation, London 48–9
Casey House hospital 131
CCW (Camberwell, Chelsea, and Wimbledon) colleges, London 110
Centro, Mexico City 135
Centrum Beeldemde 37
Chega Recordings 44
clients
   briefs 22, 29
   communicating with 22–3, 29
   finding 20–1
   quotes for 20, 25, 28–9
   rejecting work 29
CMYK 31, 32, 35, 43, 46, 52;
   see also color; printers and printing
color
   cultural differences in meaning 75
   on-screen display 32
   one spot color 30–9
   printers' swatch books 34
   process colors 31, 55
   systems 54
   tints 30, 31
   two spot colors 40–51
   see also CMYK; Pantone; RGB
comb binding 158
compliments slips, printing 175
computers *see* hardware

Concrete Hermit catalog 157
Cook + Fox Architects 180
copyright 24, 82–3, 85, 114
copywriting by clients 23
corporate social responsibility (CSR) 144
Creative Commons 82
Creative Review 12, 13
Cuisson 152

Day, Robin and Lucienne 145
debossing 147, 148, 149
Debut, Vienna Design Week 171
Decembers Architects 181
Decode Magazine 104
Design by If 60
deviantART 105
die-cuts 31, 67, 134, 145, 174
digital illustration 104–5;
   see also images; vector illustrations
digital printing 56–61
dingbats 84, 85
Dirtymouse 125
Donuts 70
dot gain 66
download limit 16
Dropular 125
Drum magazine 12
dummies 143
Duncan of Jordanstone College of Art, Scotland 12
Duo Anfibios 82
duotone images 43, 140
Dyer, Michael 42

e-mail 16, 17
Eagleclean 10
eBay 14, 169
Ediciones de La Central 73
Eekelaert, Peter 122
EFFP 33
embossing 148, 149
   blind 34, 148
   see also debossing
EMMI 157
environmental considerations 144–7;
   see also found materials; recycled paper
Exposure by Design 108

Fab Lab 162
Face2Face 38
Fedrigoni 163
Felton, Paul 33
FFFFOUND 125
filing systems 78
Film Project, Brazil 168
finishes
   debossing 147, 148, 149
   embossing 148, 149
   foil blocking 148, 149, 154, 155
   lamination 148–9, 174
   thermography 148, 149
   see also hand finishing; rubber stamping; stickers; varnish
flexography 153
foil blocking 148, 149, 154, 155
folding 128–39
   cross-folding 89, 128, 144
   by hand 128, 129, 160, 161
   scoring before 142, 143, 175
   Z-fold 134
   foldouts 25
Fontfabric 82, 84
Fontifier 86
fonts and copyright 82, 85
   creating 86–7
   free and budget 84–5
   hand-drawn type 88–93
   see also typography; websites, for fonts
FontStruct 86
Formfiftyfive 125
forums 15, 124–5
found materials 166–71
Freedesigndom exhibition, Netherlands 76
French Paper 63, 154
FSC (Forest Stewardship Council) 145, 147
Funk Medial 77

Gajownik, Joshua 51
Gallacher, Craig 13
gatefolds 160
Get Rid Off 174
GF Smith Colorplan 59, 163
Gladkikh, Ivan 85
The Grateful Palate 47

grayscale images 34, 43
Graz Theater 23
Green Design Festival, Athens 170
Greve Offset 52

H4U (Health for You), Glasgow 96
hand finishing 128, 129, 160–1, 176–81
   binding 156
   folding 128, 129, 160–5
hand-drawn type 88–93
hardware 14, 17
Here and There exhibition, MU, Eindhoven 167
Herneheim, Peter 132
Hey Studio 69
Howard Smith Paper 33

Idealiza 21
illustration digital 104–5
   merging traditional with digital 101
   traditional 100–3
   see also vector illustrations
images
   and copyright 24, 82–3, 114
   stock vs. original 95
   websites for 82–3, 95, 98–9, 105, 115, 125
   see also illustration; photography; vector illustrations
ink
   lift 59, 66, 140
   metallic 8, 37, 40, 45, 53, 63
Intermón Oxfam 69
Internet and copyright 82–3, 85, 114
   connection speeds 15
   download limit 16
   online transfer sites 16
   see also websites
iStockphoto 16, 99

Jeeves, Nicholas 32, 48
Jupiter Images 117
Just Moved 90

Kop Art spaces, Netherlands 171
Kraft paper 62, 133

Kreklow Jennings 158
KVS (Royal Flemish Theater), Brussels 9

La Chapelle du Geneteil 75
lamination 148–9, 174
Landland 65
Leeyavanich, Akarit 38
lenses for cameras 107, 109, 112
Lettera22 57
letterheads, printing 175
Lewis Moberly 74
lithography *see* printers and printing, full-color printing
logos 64, 84, 150

Macromedia
  Flash 85
  Fontographer 86
Mama Lou 62
Manchester Enterprises 142
Manchester School of Art 141
Massengale, Robert 150
meetings 22, 29
metallic ink 8, 37, 40, 45, 53, 63
Milliken, Barry 35
Mirror and Shadows film project 178
Mod (font) 82, 84
monotone images 34
Monsters series 102–3
Moonlight outdoor cinema 39
Museum of Image and Sound, São Paulo 130
museumgoudA 162

N76 vineyard, Vienna 164
Nalon, Flavia 134
National Health Service, UK 77, 96
Neue Schule für Fotografie, Berlin 159
Night of Comedy 94
Nike 95
No Way Through 41
NoChintz stationery 28
Northern Clay Center 37

OFFF festival 103
176 Gallery 160
online image libraries *see* websites, for images
online transfer sites 16
Oprosti (Forgive) poster 75
Oslo National Academy of the Arts 132
Osuna Nursery 146
The Other Flower Show 30
Otis College 63

P. Soleri 57
Pantone 53, 137, 163
  Matching System (PMS) 31, 35
  Solid color collection 30
  tints 31

paper
  for brochures 25
  certified 145, 147
  colored 66–71
  choosing 25, 174
  and digital printing 59
  glossy 25, 140
  homemade 141–2
  "house" 143
  ink lift 59, 66, 140
  matte-coated 140
  offset *see* uncoated
  recycled 141, 144–7
  samples 67, 141–2, 143, 176
  scoring 142, 143, 175
  silk-coated 140
  textured 59, 66
  uncoated 141
  upcycling 145
  weights 142–3, 174–5
  see also individual names
Parad Fashion Boutique 129
Pas de Printemps 164
Penelope 147
Perspectives Magazine 123
photo collage 122
photography
  DIY 106–11
  printing 55
  royalty-free 83, 114–23
  studio 112–13
  see also images
Pistachio Colorplan (GF Smith) 163
pitches 20–1, 78
Popstickel 169
Portavilion exhibition 153
Prata, Fabio 134
printers and printing
  choosing a printer 174
  CMYK digital printing 56–61
  color swatch books 34
  costs and quotes 24, 28, 174–5
  delivery 174, 175
  digital vs. litho 58–9
  dot gain 66
  flexography 153
  full-color printing 31, 32, 46, 52–5
  in-house printing 176–81
  one vs. two spot colors 43
  paper choices 174
  proofs, checking 175
  run-ons 24
  synchronizing color systems 54
  two-color vs. full-color press 43, 46, 174
  underprinting 68
  see also color; screenprinting

process colors 31, 55
production costs 23, 24, 28, 174; *see also* quotes
promotional merchandise, printing 175
proofs, checking 175
Purpose 33

quotes
  for clients 20, 25, 28–9
  from printers 24, 28, 174–5

Ray™ campaign 100
recycled paper 144–7
Red-hot, Vienna 92
REG 153
Remake 42
reprints, paying for 174
Revolver exhibition 163
The Rewind Life 63
RGB 32
Richard House Children's Hospice 97
Riegelmann Printing, New York 28
ring binders 158
Rinse radio station 109
Robert Horne Imagine 163
Robertson, Martyn 117
Rodoreda, Mercé 138
Rough Fiction 150
Royal Bank of Scotland Group 123
Royal School of Theater, Stockholm 154
royalties 24
royalty-free photography 83, 114–23; *see also* websites, for images
rubber stamping 149, 150, 150–1, 151, 154, 155, 162
run-ons 24

Salone Internazionale del Mobile, Milan 36
Santini, Laura 165
SCA Recycling 107
Scholtes, Lionel 105, 119
Schrøder, Max 160
scoring paper 142, 143, 175
Scottish Artists Union (SAU) 111
screenprinting 62–5, 87, 141, 154, 180
screensaver slideshows 79
screw-post binding 158, 158
Seamans, Jessica 65
SESC Pompéia 50
Seven Continent Investment (7CI) 116
Simov, Svetoslav 82, 84
Sketch magazine 121
SMD (semi-metallic discs) 114
Smith, Chris 13
Social Democratic Party, Germany 100

Socio Design 116
software 14
  free 15
  upgrades 15
  see also individual names
Solar Initiative 76
Sour 143
Søvik, Sigrid 161
spot colors 8, 9, 31, 32, 40
staple binding 156
stationery, printing 175
stickers 28, 39, 43, 60, 76, 149, 152, 152–3, 153, 165
stock photography *see* royalty-free photography
stock *see* paper
Stock.XCHNG 14
Strangelove (font) 86
supplier quote form 24
Susans 60
swatch books
  color 34, 35
  paper 141–2
  see also Pantone; paper, samples

T-shirts, screenprinted 64, 87
Taller de Empresa 32
Tanz & Archive 86
Teague 130
Tempa records 31
tenders 20–1, 28, 78
Tenth Church 38
text *see* fonts; typography
thermography 148, 149
Think4 paper 33
344 102–3
360°Design Austria 92
time management 29
tints 30, 31, 40
Traffic Design Consultants 12, 96, 111
Transformer Studio 90
Tscharner, David de 70
21Color 59
The Twisted Minds 122
The Twisted Wheel 99
2325 club, Stavanger, Norway 136
typography
  as artwork 72–7, 88
  hand-drawn type 88–93
  and two spot colors 40
  see also fonts

Underdogs 176
underprinting 68
Universal Music 77
University of Applied Arts Vienna 45
UP Projects 30, 153
upcycling paper 145
Urban Art Show 32
Urbancroft 117
usage allowance *see* download limit

varnish 53, 116, 140, 174
UV 51, 55, 148, 149
vector illustrations
  buying 83, 98–9
  creating 94–7
  selling 95
Via Milano 11
View magazine 33
visuals, building digital collections of 78–9
Volunteer Lawyers for the Arts 28

Waitrose supermarket 74
We are Public 48–9
websites
  blogs and forums 60, 124–5
  for fonts 84–5, 125
  for images 82–3, 95, 98–9, 105, 115, 125
  see also Internet, and copyright
Wenn alles immer gut geht… (artzine) 167
Windhover annual 51
wire binding 156, 158
Witham, Scott 12, 111
Womex World Music Expo 55, 139
work-experience placements 129
Wroclaw Gallery of Contemporary Art, Poland 82

Young Voices magazine 91
Youngs, Stuart 33

Zaun, Matt 65
Zhuravlev, Oleg 85
Zync 131